世纪精品·计算机等级考试书系

浙江省高等教育重点教材

Visual Basic 实践指导教程

胡同森 主编

浙江科学技术出版社

图书在版编目(CIP)数据

Visual Basic 实践指导教程/胡同森主编. —杭州：浙江科学技术出版社,2013.2(2017.8 重印)
(世纪精品·计算机等级考试书系)
ISBN 978-7-5341-5330-3

Ⅰ.①V… Ⅱ.①胡… Ⅲ.①BASIC 语言—程序设计—水平考试—自学参考资料 Ⅳ.①TP312

中国版本图书馆 CIP 数据核字(2013)第 028471 号

丛 书 名	世纪精品·计算机等级考试书系
书 名	**Visual Basic 实践指导教程**
主 编	胡同森
副 主 编	庄 红 郭艳华 林 征
出版发行	**浙江科学技术出版社** 杭州市体育场路 347 号 邮政编码：310006 办公室电话：0571 - 85176593 销售部电话：0571 - 85171220 网址：www. zkpress. com E-mail：zkpress@ zkpress. com
排 版	杭州大漠照排印刷有限公司
印 刷	杭州杭新印务有限公司
经 销	全国各地新华书店

开 本	787 × 1092 1/16	印张	10.5
字 数	243 000		
版 次	2013 年 2 月第 1 版		2017 年 8 月第 7 次印刷
书 号	ISBN 978-7-5341-5330-3	定价	23.00 元(附光盘)

责任编辑 张祝娟 **责任美编** 金 晖
责任校对 莫亚元 罗 璀 **责任印务** 崔文红

前　言

Visual Basic 是国内外最流行的 Windows 环境下计算机程序设计语言之一，为使学生具备利用计算机求解实际问题的能力，许多高校都开设了“Visual Basic 程序设计”课程，而很多非计算机专业人员也首选 Visual Basic 作为学习程序设计的语言。

实践性强是程序设计课程最重要的特征，实验是学习和掌握该门课程的关键环节。本书作为浙江科学技术出版社出版的《Visual Basic 程序设计基础》配套教材，围绕课程学习与实践的主题，结合教学实际来组织内容，每一章都设计了以下四个部分的内容。

【学习指导】概述本章学习任务、重点和难点，为读者学习本章内容给出一些学习指导与建议。

【实验指导】由精心设计的多个具有较强针对性和实践性的实例组成，每个实例都列出了较具体的操作步骤、程序代码及必要的分析和说明，力求给读者以操作示范。针对重点、难点问题提出的“讨论与思考”，可以加深读者对实验内容的理解和掌握，培养读者的实际编程能力。

【实验内容】是每章中留给读者自己独立编程并上机调试的实验题目，以加强和巩固学习效果。

【教材习题解答】对于教材《Visual Basic 程序设计基础》中的习题提供参考答案，可供读者检验学习状态、提高和巩固学习效果。

本书的附录部分，提供了 Visual Basic 程序设计的自测试卷、等级考试笔试样卷以及等级考试上机考试的样题。

本书所附光盘中资料包括：教材《Visual Basic 程序设计基础》中所有例题的源代码；教材中所有程序阅读题、程序填空题和程序设计题的源代码；按教材授课的 PPT 演示文稿。希望对教师授课和读者学习有所帮助。

本书由浙江工业大学的胡同森老师担任主编，浙江理工大学的庄红老师、杭州电子科技大学的郭艳华老师和温州医学院的林征老师担任副主编，由胡同森、庄红、郭艳华、林征编写各章节，参与编写工作的还有龙盛春、刘盛、黄重水、虞妍、王子仁、林晓敏、陶华良、李丽、盛宇锋、陈晓青、谢慰天、刘军、张敏、邢卫林、徐安生、江朋、黄超超、张俊、王红标等同志。全书由胡同森统稿。欢迎读者就教材中所有不当和可改进之处提出宝贵意见，我们的 E-mail 地址 hts@ zjut. edu. cn。

编著者
2013 年 1 月

前言

Visual Basic是目前Windows平台[illegible]

[illegible]Visual Basic[illegible]

[illegible]

[illegible]Visual Basic[illegible]

[illegible]

[illegible]效果。

[illegible]Visual Basic[illegible]

[illegible]

[illegible]

编者

[illegible]年[illegible]月

目　　录

第一章　Visual Basic 6.0 程序设计概述

第一节　学 习 指 导

一、本章主要任务

1. 了解 Visual Basic 6.0 的特点,集成开发环境主要组成部分及其使用
2. 理解面向对象程序设计的一些基本概念
3. 掌握窗体的常用属性、方法及事件
4. 掌握一个 Visual Basic 应用程序的组成及工作机制
5. 掌握开发一个 Visual Basic 应用程序的一般步骤

二、重点与难点

重点:

1. 事件驱动面向对象程序设计的基本概念
2. Visual Basic 6.0 特点及集成开发环境的使用
3. Visual Basic 应用程序的组成及工作机制,窗体对象的常用属性、事件和方法
4. 建立简单的应用程序的方法和步骤

难点:

1. 事件驱动面向对象程序设计的基本概念
2. Visual Basic 应用程序的组成及工作机制

三、要点概述与学习建议

学习 Visual Basic 程序设计,最先接触到 Visual Basic 6.0 的集成开发环境,Visual Basic 应用程序的界面设计、代码的编写和运行调试都是在这个集成开发环境中完成的。读者只有通过程序的调试才能逐步掌握并使用它。

Visual Basic 是面向对象的程序设计语言,采用的是面向对象、事件驱动的编程机制。对象及对象的属性、事件和方法等基本概念贯穿整门课程,因此,读者要认真理解,在编写程序时,根据要求通常需考虑使用什么对象、设置什么属性、编写什么事件代码。

Windows 应用程序的界面是窗口,Visual Basic 开发应用程序的界面都是在窗体模块进行设计的,窗体对象是程序设计中最常用的对象,它有许多属性、事件和方法。

一个 Visual Basic 的应用程序也称为一个工程,工程是用来管理构成应用程序的所有文件。一个 Visual Basic 工程的一般组成情况如表 1 - 1 所示。

表 1-1 Visual Basic 应用程序的组成

文件类型	说明
工程文件(.vbp)	是用来管理和组织与该应用程序有关的全部文件和对象的文件
窗体文件(.frm)	包含窗体及控件的属性设置;变量和外部过程的声明;事件过程和用户自定义过程
窗体的二进制数据文件(.frx)	如果窗体上控件的数据属性含有二进制属性(例如图片或图标),当保存窗体文件时,自动产生同名的.frx 文件
标准模块文件(.bas)	包含用户自定义的、可供工程内各窗体调用的过程。该文件是可选项
类模块文件(.cls)	用于创建含有方法和属性的用户自己的对象。该文件是可选项
资源文件(.res)	包含不必重新编辑代码就可以改变的位图、字符串和其他数据。该文件是可选项
ActiveX 控件的文件(.ocx)	ActiveX 控件的文件是一段设计好的可以重复使用的程序代码和数据,可以添加到工具箱,并可像其他控件一样在窗体中使用。该文件是可选项

Visual Basic 应用程序中的典型工作方式:

(1) 启动应用程序,装载和显示窗体。

(2) 窗体(或窗体上的控件)接收事件。事件可由用户引发(如通过键盘或鼠标操作),可由系统引发(如定时器事件),也可由代码间接引发(如加载窗体的 Load 事件中的代码)。

(3) 如果在相应的事件过程中已编写了相应的程序代码,就执行该代码。

(4) 应用程序等待下一次事件。

创建 Visual Basic 应用程序一般有以下几个步骤:

(1) 新建工程;

(2) 创建应用程序界面;

(3) 设置属性值;

(4) 对象事件过程的编程;

(5) 保存文件;

(6) 程序运行与调试,再保存文件。

建议读者参照实例 1 自己动手安装一次 Visual Basic 6.0 系统(如果条件允许)。进入 Visual Basic 6.0 集成开发环境,对照本章实例 3 的全过程进行程序界面设计、代码编写、保存文件和调试。通过调试掌握 Visual Basic 集成开发环境的使用,理解 Visual Basic 应用程序的组成及工作方式。

第二节 实 验 指 导

实例 1. Visual Basic 的安装。

如同在一个没有安装 Office 的系统中无法编辑 Word 文档一样,在一个没有安装 Visual Basic 的系统中也无法调试 Visual Basic 程序,该实例可以强化我们这一意识,并参照以下步骤完成安装过程。

(1) 将安装盘插入光驱,系统将自动执行安装程序,显示"Visual Basic 6.0 中文企业版安装向导"对话框(有些光盘需要从"我的电脑"或"Windows 资源管理器"中单击光驱盘符,然后双击 Visual Basic 安装盘上的 Setup. exe 文件),显示安装向导,安装向导的第一个画面如图 1-1 所示。

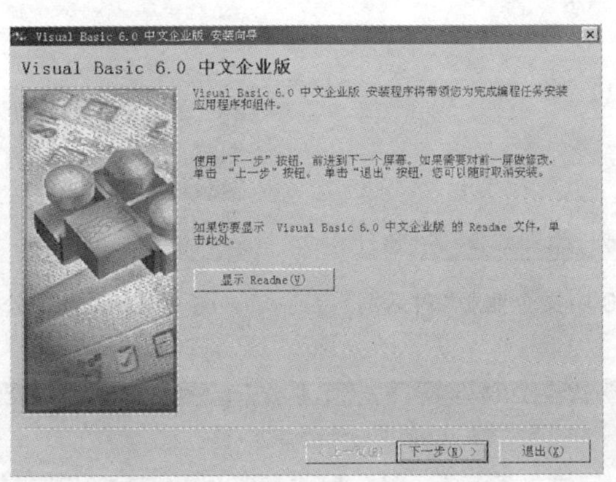

图 1-1 "Visual Basic 6.0 中文企业版安装向导"对话框

(2) 单击"下一步"按钮,打开"最终用户许可协议"对话框,如图 1-2 所示。在该对话框中,应单击"接受协议"单选按钮,再单击"下一步"按钮。

(3) 打开"产品号和用户 ID"对话框,正确输入产品的 ID 号和姓名及公司的名称,如图 1-3 所示,单击"下一步"按钮。

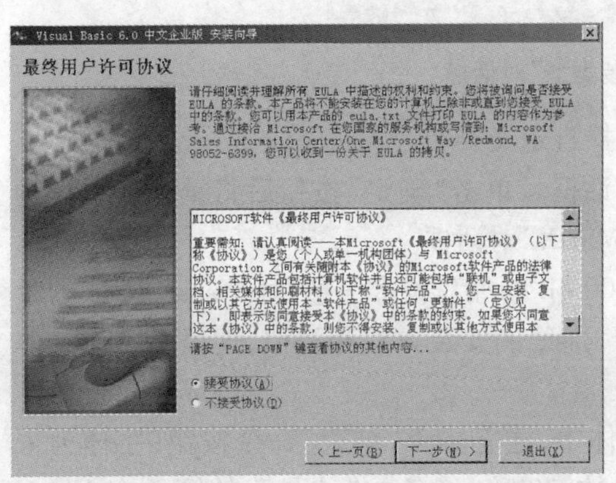

图 1-2 "最终用户许可协议"对话框

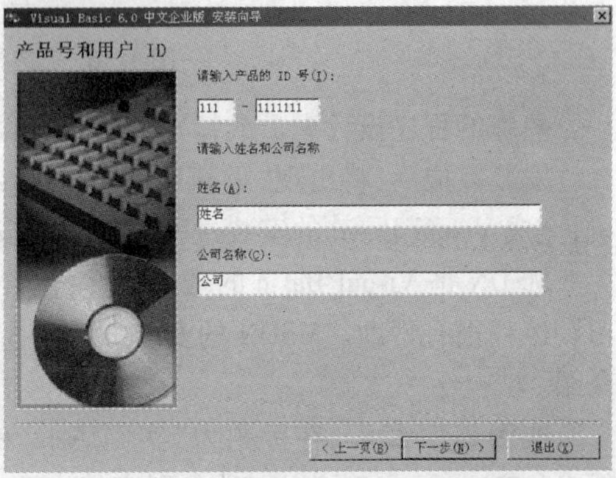

图 1-3 "产品号和用户 ID"对话框

(4) 打开"Visual Basic 6.0 中文企业版"对话框,如图 1-4 所示。在该对话框中,单击"安装 Visual Basic 6.0 中文企业版"单选按钮,再单击"下一步"按钮。

(5) 打开"选择公用安装文件夹"对话框,用户可以选择默认文件夹"C: \Program Files\Microsoft Visual Studio\Common\"进行安装,如图 1-5 所示,也可以单击"浏览"按钮选择其他的文件夹进行安装,再单击"下一步"按钮。

(6) 打开"选择安装类型"对话框,如图 1-6 所示。

若需要更改对话框中所显示的路径,可以先单击"更改文件夹"按钮,选择合适的路径。初学者一般应单击"典型安装"按钮,直接进入安装过程。

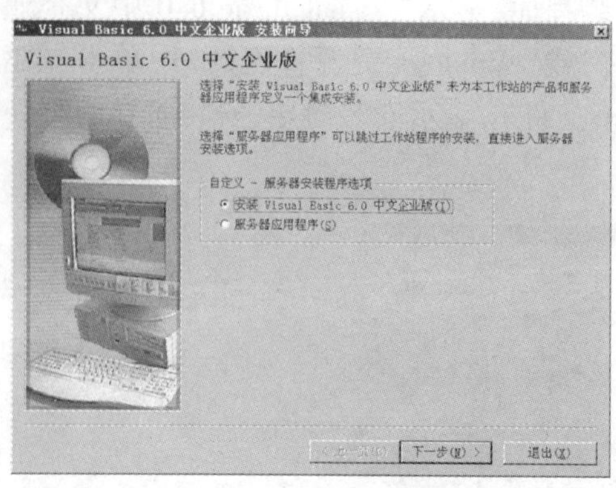

图 1-4 “Visual Basic 6.0 中文企业版”对话框

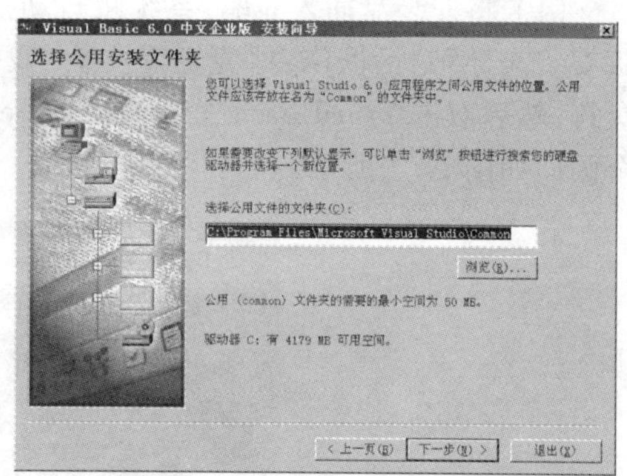

图 1-5 “选择公用安装文件夹”对话框

图 1-6 “选择安装类型”对话框

熟练的程序设计人员或特别的用户，可以选择自定义安装。

安装完成后，将出现“重新启动 Windows”对话框。单击“确定”按钮后将重新启动计算机，完成 Visual Basic 的安装过程，并出现“安装 MSDN”对话框。

MSDN 是 Visual Basic 的帮助软件，包含约 800MB 的编程技术信息，对 Visual Basic 的学习和编程很有帮助。MSDN 的安装方法和 Visual Basic 的安装方法相类似，这里不再作具体介绍。

实例 2. 编程，在标题为“实例演示”的窗体中，建立一个“结束”命令按钮（字体为宋体、12 磅）。运行时单击窗体，则窗体上显示黑体、20 磅、红色的“这是我的第一个 Visual Basic 程序”，单击“结束”命令按钮则退出程序的执行。

通过编写这个简单的 Visual Basic 程序，可以熟悉 Visual Basic 的编程环境，学习 Visual Basic 的启动、新建、保存与退出的操作步骤。

(1) 启动 Visual Basic。有多种方法可以启动 Visual Basic：可以在“资源管理器”中双击 Visual Basic 6. EXE 文件启动，可以在 Windows 桌面上双击 Visual Basic 6. EXE 文件快捷图标进入 Visual Basic（假定已经建立该文件的快捷方式），也可以从“运行”对话框或 MS-DOS 窗口中启动 Visual Basic，如图 1-7 所示是从“开始”菜单启动 Visual Basic。

单击图 1-7 中的“Microsoft Visual Basic 6.0 中文版”菜单项，进入“新建工程”对话框，如图 1-8 所示。

然后,选择“新建”标签下的“标准 . EXE”,再单击“打开”按钮,进入 Visual Basic 的集成开发环境,如图 1－9 所示。

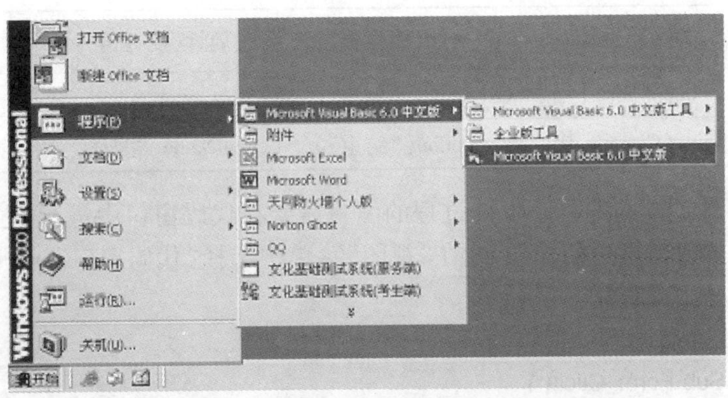

图 1－7 从“开始”菜单启动 Visual Basic

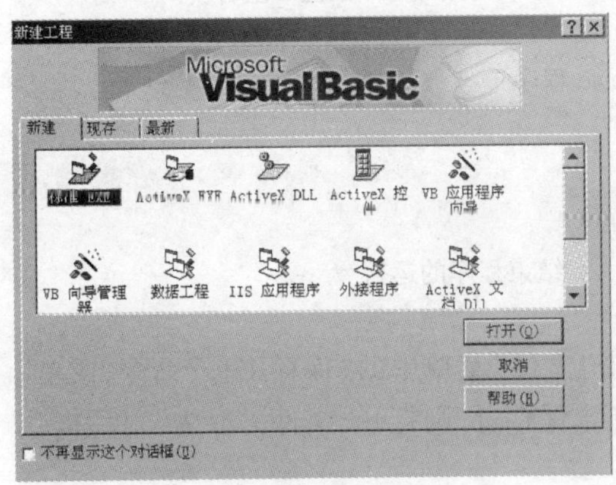

图 1－8 “新建工程”对话框

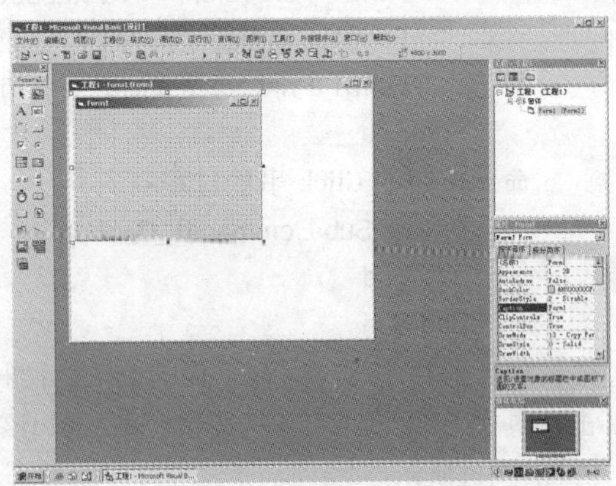

图 1－9 Visual Basic 6.0 的集成开发环境窗口

(2) 创建应用程序界面。在窗体中添加一个命令按钮,如图 1－10 所示:先单击图左工具箱中的“命令按钮”图标,此后移动到窗体上的鼠标为一个“ + ”字形,可在窗体上适当位置拖动鼠标、建立一个命令按钮控件。

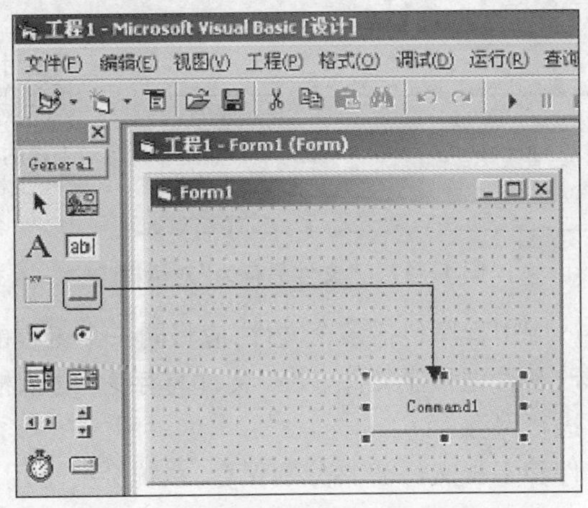

图 1－10 在窗体中添加一个命令按钮

(3) 设置属性值。其属性设置见表1-2(其他属性均取默认值)。

表1-2　实例2各控件的属性设置

控　件	属性(属性值)	属性(属性值)	属性(属性值)	属性(属性值)
窗　体	Name(Form1)	Caption("实例演示")		
命令按钮1	Name(Command1)	Caption("结束")	FontName("宋体")	FontSize(12)

(4) 对象事件过程的编程。事件过程的编写需要在代码窗口中进行,进入代码窗口的方法是:双击窗体或窗体中的控件,或在"视图"菜单中选择"代码窗口"选项,或单击"工程窗口"中的"查看代码"图标。

窗体的Click事件过程:

```
Private Sub Form_Click( )
    Form1. FontSize = 20
    Form1. ForeColor = RGB(255, 0, 0)          '表示红、绿、蓝三原色的组合
    Form1. FontName = "黑体"
    Form1. Print "这是我的第一个 Visual Basic 程序"
End Sub
```

命令按钮的Click事件过程:

```
Private Sub Command1_Click( )
    End                                        '结束程序的运行
End Sub
```

(5) 保存工程。保存工程的方法有两种:单击"文件"菜单中的"保存工程"命令,或单击工具栏上的"保存工程"按钮"💾"。如该工程还未保存过,则打开"文件另存为"对话框,如图1-11所示。

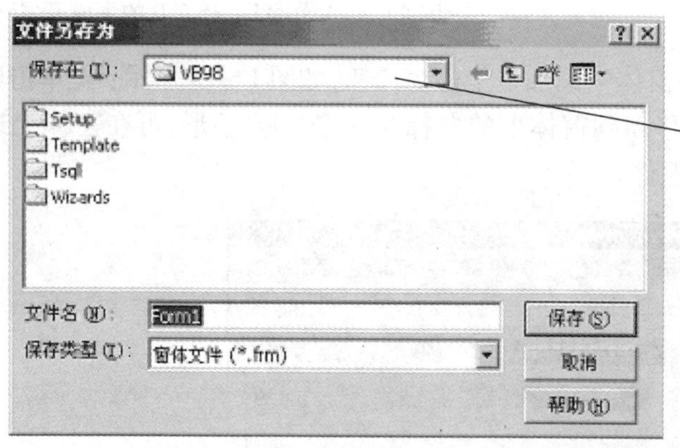

这是Visual Basic缺省的保存工程的文件夹,一般应在列表框中选择用户自己建立的文件夹保存工程。

一般公共机房的终端都使用了硬盘保护卡,应预先在不保护的逻辑盘(如E:)上建立文件夹。将工程的所有文件(窗体文件、工程文件、标准模块文件)都保存在该文件夹中。

图1-11　"文件另存为"对话框

由于一个Visual Basic应用程序包括多个文件,应将同一个工程的所有文件保存在同一个文件夹中,以便日后修改和管理程序文件。在"文件另存为"对话框中可以选择文件夹或先创建新的文件夹,然后进行保存。

保存工程时,窗体文件和工程文件需要分别保存,系统会要求用户输入文件名、选择文件的保存类型。

窗体文件的保存类型为“窗体文件(*.frm)”,默认窗体文件名为“Form1”,窗体文件存盘后系统自动弹出“工程另存为”对话框;工程文件的保存类型为“工程文件(*.vbp)”,默认工程文件名为“工程1.vbp”。

如果要再次保存,则单击“保存工程”按钮或“文件”菜单中的“保存工程”命令,此时将不再打开“文件另存为”对话框,系统将修改过的文件自动保存在原文件夹下。

(6) 运行调试。单击工具栏上的“运行”按钮“▸”或按F5键或选择“运行”菜单的“启动”命令,即可运行工程。该程序运行结果如图1-12所示,单击“结束”命令按钮则退出此应用程序的执行。

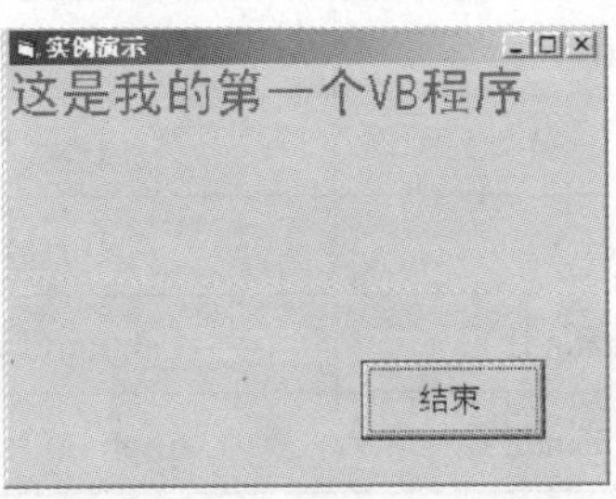

图1-12 实例2的运行结果

至此,一个完整的编程过程结束了。如果想继续编写其他程序,可以选择“文件”菜单下的“新建工程”命令,将弹出如图1-8所示的对话框,就可继续编写下一个新的工程。

(7) 退出。退出Visual Basic应用程序也有许多方法:单击Visual Basic集成开发环境系统标题栏最右侧的“关闭”按钮;单击“文件”菜单中的“退出”命令;单击Visual Basic集成开发环境系统标题栏的系统菜单按钮,弹出系统菜单,选择“关闭”命令。

一个Visual Basic应用程序的上机步骤,主要包括界面设计、过程设计、运行调试,本章以后的所有实例,将集中在这三个方面详细介绍。

实例3. 设计一个加法计算器程序,当输入两个加数时,计算并输出和数。

(1) 界面设计。在窗体上建立2个标签(Label)控件,分别用于显示“+”和“=”;3个文本框(TextBox)控件,用于输入两个加数和显示相加的结果;2个命令按钮(Command Button)控件,分别用于计算以及结束,界面设计如图1-13所示。

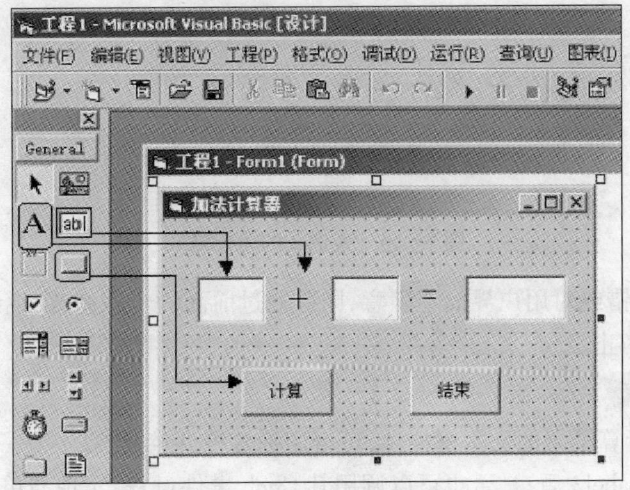

图1-13 实例3的界面设计

各控件的主要属性设置见表 1－3。

表 1－3　实例 3 各控件的属性设置

控　件	属性(属性值)	属性(属性值)	备　注
窗　体	Name(Form1)	Caption("加法计算器 ")	
标签控件 1	Name(Label1)	Caption("＋")	
标签控件 2	Name(Label2)	Caption("＝")	
文本框控件 1	Name(Text1)	Text(" ")	清空文本框内容
文本框控件 2	Name(Text2)	Text(" ")	清空文本框内容
文本框控件 3	Name(Text3)	Text(" ")	清空文本框内容
命令按钮 1	Name(Command1)	Caption("计算 ")	
命令按钮 2	Name(Command2)	Caption("结束 ")	

(2) 过程设计。

```
Private Sub Command1_Click( )
    Dim a As Single, b As Single, c As Single
    a =Val(Text1. Text)   '获得 Text1 的数据,将其转换为数值型数据,赋值给变量 a
    b =Val(Text2. Text)
    c = a + b
    Text3. Text = c
End Sub
Private Sub Command2_Click( )
    End
End Sub
```

(3) 运行调试。如在文本框 Text1 中输入数值 2.1,在文本框 Text2 中输入数值 8.5,单击“计算”按钮后,运行结果如图 1－14 所示。

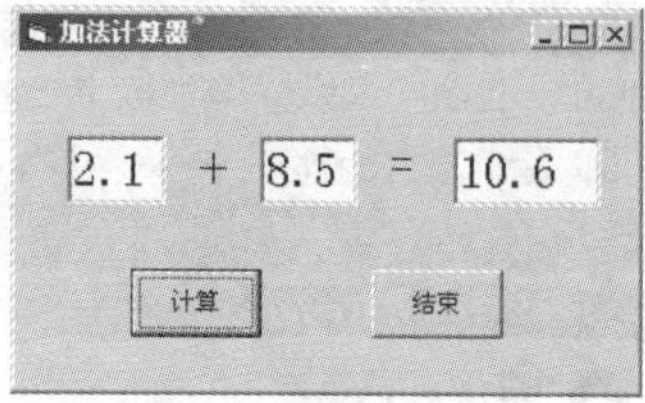

图 1－14　实例 3 的运行结果

若运行结果有错或对用户界面不满意,则可通过前面的步骤修改,继续测试直到运行结果正确、用户满意为止。

讨论与思考

★ 用于显示计算结果的文本框控件,可否用标签控件替换?

★ 单击控件 Label2 后,是否也可以调用其 Click 事件过程,实现与单击 Command1 相同

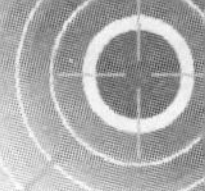

的效果？如果可以，如何修改程序？

提示

初学者在进行程序设计时遇到的常见错误。

1. 程序代码中出现了不存在或错误的对象名

(1) 界面设计时该添加的对象没有添加。

(2) 界面设计时修改了对象名称(Name 属性)，但程序代码中仍然使用默认的对象名。

窗体及窗体上建立的每个对象都有确定的名称，用于在程序中唯一地标识该对象，系统为每个对象提供了默认对象名(Name 属性缺省值)，如 Command1、Command2、Text1、Text2、Label1、Label2 等。读者也可以将这些名称改为可读性较好、比较形象的名称，如 CmdStart、CmdEnd、TxtInput、TxtOutput 等。但是修改对象名称后，在程序代码中必须相应使用修改后的对象名。

(3) 由于字母和数字形状相似而写错对象名。字母 L 的小写形式 l 和数字 1 几乎相同，字母 O 的小写形式 o 和数字 0 也容易搞错，如第一个添加的标签控件的缺省名 Label1，其名称的最后两位分别是字母 l 和数字 1。程序运行过程中如遇到错误的对象名时，系统显示“要求对象”的信息，如图 1-15 所示，并对出错的行以黄色背景的形式显示。

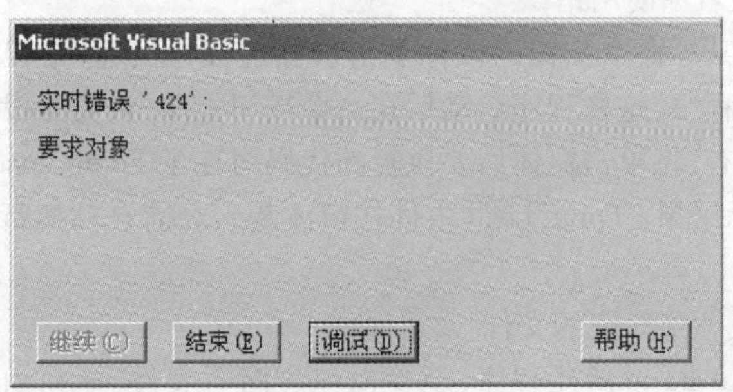

图 1-15　错误提示窗口

2. 对象的属性名或方法名写错

如：将 Print 写成 Point，将 FontSize 写成 FrontSize 等。当程序中对象的属性名、方法名写错时，系统会显示“未找到方法或数据成员”的消息，如图 1-16 所示。

编程时，应尽量使用 Visual Basic 的自动成员列表功能，即在程序编辑时，当输入对象名和句点后，系统自动列出该对象在运行模式下可用的属性和方法以供选择，这样既可减少输入量也可防止此类错误的出现。另外，不同的对象有一些不同的属性，不同的对象可以使用的方法也有很大差别，引用对象根本不存在的属性或方法显然是错误的。

图 1-16　运行时错误提示消息框

3. 标点符号错误

Visual Basic 中只允许使用西文标点符号，如将 Print "这是我的第一个 Visual Basic 程序"写成 Print"这是我的第一个 VB 程序"，是错误的，系统提示"无效字符"编译错误信息，如图 1-17 所示，并且该行以红色字显示。中文标点只能作为字符串的一部分或出现在注释文字中。

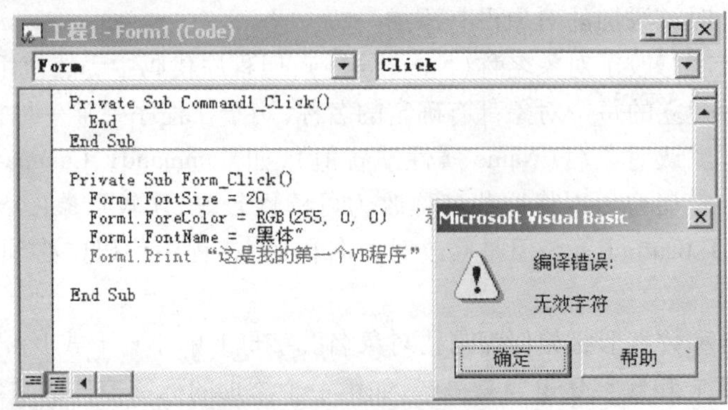

图 1-17　错误提示窗口

4. 事件过程控件名称使用错误

有的读者想编写某一命令按钮的鼠标单击事件过程，但实际在程序编辑时却把代码写在窗体的单击事件过程中，这样程序启动后在命令按钮上单击，自然没有任何反应。

更常见的错误还有，将单击窗体后要执行的代码写在了 Form_Load 事件过程中，导致窗体的 Print 方法不显示结果：Form_Load 事件在窗体装入之前自动执行，窗体尚未装入，如何在窗体上显示结果？

5. 打开工程时找不到对应的文件

一个简单的 Visual Basic 应用程序，至少也包含两个文件：一个工程文件(.vbp)，一个窗体文件(.frm)。其中工程文件记录该工程内的所有文件的名称和在磁盘上的存储路径等信息。有的读者想把文件复制到 U 盘上或另外的文件夹中，但又少复制了某个文件；或者在 Windows 资源管理器中将窗体文件等改名，而工程文件内记录的还是原来的文件名，这样在打开工程时就会出现"文件未找到"的错误。

第三节　实 验 内 容

实验 1.　设计一个"加法器"程序。程序运行效果，如图 1-18 所示。具体要求如下：

(1) 窗体的标题为"加法器"。

(2) 在窗体上从上到下依次引入 Text1、Text2 两个文本框，两个文本框的对齐方式均为右对齐。

(3) 在窗体上引入两个标签 Labe11、Labe12。将 Labe11 用于显示" + "号，Labe12 显示两数的和，将其边界风格(BorderStyle)设置为 1(Fixed Single 固定单线边框)。

(4) 单击" = "按钮(Command1)，将两个加数的和显示在下面一个标签(Labe12)中。

(5) 单击"清除"按钮(Command2)，两个文本框及标签 Labe12 的内容都被清空，同时第

一个文本框获得焦点。

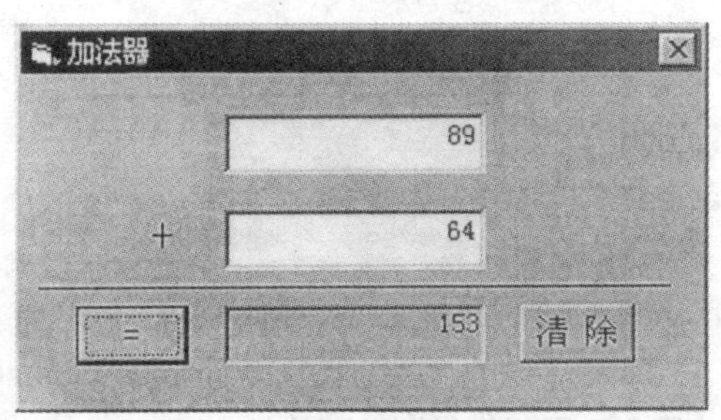

图 1-18 实验 1 的程序运行效果

实验 2. 设计一个程序,当输入圆的半径时,计算并输出圆的周长及面积。

在窗体上建立 3 个标签控件、3 个文本框控件和 2 个命令按钮。标签用于显示圆半径、圆周长和圆面积的标题,文本框用于显示相应数值,命令按钮分别用于计算和退出,界面如图 1-19 所示。

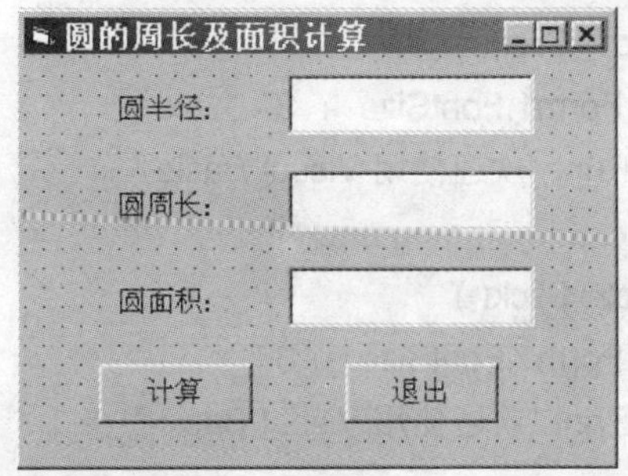

图 1-19 实验 2 的界面设计

第四节 教材习题解答

一、判断题

1. √ 2. √ 3. √ 4. × 5. √ 6. × 7. √ 8. × 9. √ 10. √
11. × 12. √ 13. × 14. √ 15. √

二、选择题

1. C 2. B 3. D 4. C 5. B 6. A 7. D 8. A 9. B 10. B

三、填空题

1. 对象、事件 2. 属性、事件、方法 3. 控件、屏幕 4. Left
5. Top 6. 属性、控件名. 属性名 = 属性值
7. 网格大小设置 8. Form1 9. Load 10. Activate、Deactivate

四、程序设计题

1. 程序代码如下：

```
Private Sub Form_Load( )
  Command2.Enabled = False
End Sub
Private Sub Command1_Click( )
  Label1.Caption = Text1.Text + ": 欢迎使用" + Label1.Caption
  Label2.Visible = False : Text1.Visible = False
  Command1.Enabled = False : Command2.Enabled = True
End Sub
Private Sub Command2_Click( )
  End
End Sub
```

2. 程序代码如下：

```
Private Sub Command1_Click( )
  Form1.FontSize = Form1.FontSize + 3
  Form1.Cls : Form1.Print "欢迎使用 Visual Basic "
End Sub
Private Sub Command2_Click( )
  Form1.FontSize = Form1.FontSize - 3
  Form1.Cls : Form1.Print "欢迎使用 Visual Basic "
End Sub
Private Sub Command3_Click( )
  Form1.FontBold = True
  Form1.Cls : Form1.Print "欢迎使用 Visual Basic "
End Sub
Private Sub Command4_Click( )
  Form1.FontBold = False
  Form1.Cls : Form1.Print "欢迎使用 Visual Basic "
End Sub
Private Sub Form_DblClick( )
  End
End Sub
```

3. 程序代码如下：

```
Private Sub Form_Load( )
  Text1.Text = " Visual Basic 程序设计"
End Sub
Private Sub Form_Resize( )
  Text1.Top = 0
  Text1.Left = 0
```

```
    Text1.Width = Form1.Width / 2
    Text1.Height = Form1.Height / 2
    'Command1.Left = Form1.Width - Command1.Width
    'Command1.Top = Form1.Height - Command1.Height
    '按照题意,以下语句采用 Scale 属性更好。它们表示的是去除边框、窗体标
    '题栏后窗体实际绘图区域的宽度和高度。
    Command1.Left = Form1.ScaleWidth - Command1.Width
    Command1.Top = Form1.ScaleHeight - Command1.Height
End Sub
```

第二章　程序设计基础

第一节　学习指导

一、本章主要任务

1. 掌握各种常用数据类型的数据在内存中的存放形式,了解自定义数据类型
2. 理解变量与常量的概念、掌握其定义和使用
3. 掌握各种运算符的功能、优先级别及所构成的各类表达式
4. 掌握赋值语句的使用
5. 掌握常用内部函数的使用
6. 掌握 Visual Basic 数据的输入/输出方法。学习使用函数 InputBox 输入数据、用 MsgBox 函数产生消息,进一步理解 Visual Basic 应用程序的编程过程

二、重点与难点

重点:

1. 数据类型
2. 变量和常量的定义及使用
3. 赋值语句、Print 方法的使用
4. 运算符和表达式的使用及常用内部函数的使用

难点:

Visual Basic 数据类型的含义及应用,常用函数的应用

三、要点概述与学习建议

如何学好 Visual Basic 程序,掌握正确的学习方法是很重要的,可以起到事倍功半的效果。本章的内容读者可能感到比较枯燥,但它是我们编程的基础,希望读者重视。本章学习中应注意以下几点。

(1) 学会使用不同类型的数据。在 Visual Basic 程序中,使用的数据(变量或常量)都应有它的数据类型,不同类型的数据在计算机内存中使用不同的存储形式,所用的存储单元不同,它们表示的数据大小范围不同,允许参加的运算也不同。例如,对于一个整型(Integer 类型) x,它在内存中占用两个字节、以定点数据形式来储存,数据的取值范围是 -32768 ~32767。在程序中,若某个计算值可能大于 32767,就不能用整型变量来表示了,否则将出现数据溢出错误。应考虑使用长整型或实型数据来表示。

Visual Basic 的变量,虽然可以不定义而直接使用,但这样会降低程序的可读性和执行效

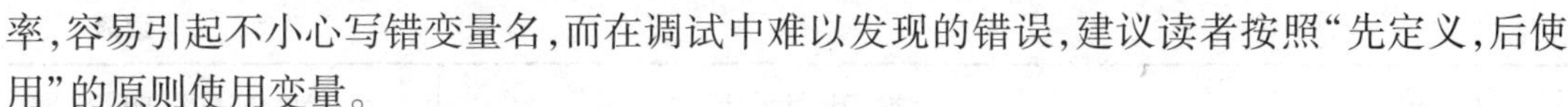

率,容易引起不小心写错变量名,而在调试中难以发现的错误,建议读者按照"先定义,后使用"的原则使用变量。

(2) 注意表达式的书写。初学程序设计的同学在写 Visual Basic 表达式时常常写成数学中的表达式,通常容易犯的错误有:

① 出现 3x + 1、10(x - y)等形式的省略乘号的数学表达式。

② 表达式中出现"≤"、"≥"、"≠"、"÷"等数学运算符。

③ 表达式中出现诸如"π"、"ψ"、"ω"这样的希腊字母作为对应的变量名。

④ 将条件"1≤X≤20"写成"1 < = X < = 20"(正确的应该是:X > = 1 And X < = 20)。

(3) 一个表达式中常常有多个不同类型的运算,这就要求必须搞清楚不同类型的运算符优先级别,下列运算符优先级从高到低依次为:

^(乘方)→ * 、/(乘除)→\(整除)→Mod(取余数)→ + 、- →

→ > 、> = 、< 、< = 、= 、< >→Not→And→Or

(4) 赋值符号" = "左边只能是变量或对象的属性名,一次只能对一个变量赋值。如果出现下面的情况都是错误的:

X + Y = Z	左边不能出现表达式
Sin(x) = 2	左边不能使用函数调用
X,Y,Z = 0	不能一次对多个变量赋值

(5) 赋值符号" = "两边的数据类型一般要求应一致。如果两边的类型不同,则以左边变量或对象属性的数据类型为基准,如果右边表达式结果的数据类型能够转换成左边变量或对象属性的数据类型,则先强制转换后,再赋值给左边的变量或对象的属性;如果不能转换,则系统将提示出错信息。

(6) 需要掌握一些常用库函数(也称内部函数)的功能及使用方法。Visual Basic 函数的调用只能出现在表达式中,目的是使用函数求得一个值。使用库函数要注意:① 参数的个数、参数的数据类型及参数数据单位。② 函数的定义域(自变量或参数的取值范围)和值域。

例如,正弦函数 Sin(x),要求 1 个参数,x 是数值型数据,并且是以弧度为单位。平方根 sqr(x) 要求,x > = 0,如果 x < 0,则系统出错。指数函数 exp(23773)的值超出了实数在计算机中的表示范围,则数据溢出。

(7) 在 Visual Basic 程序中数据的输入与输出方法,数据输入可通过:

① 使用第一章介绍的文本框控件。

② 使用系统提供的输入对话框函数——InputBox 函数。

③ 使用磁盘数据文件(将在其他章节介绍)。

数据输出可以通过标签框(将要输出的数据赋值给其 Caption 属性)、文本框(将要输出的数据赋值给其 Text 属性)及 MsgBox 函数和 MsgBox 过程来输出数据。请读者学习完本章后独立填空完成表 2 - 1 和表 2 - 2 的相关栏目内容。

表 2 - 1 Visual Basic 数据的输出

使用对象	使用方法	举例说明
窗 体	Print	
图形框	Print	Picture1. Print "z = ",z

续表

使用对象	使用方法	举例说明
标　签	将要输出的数据赋值给 Caption 属性	
文本框		
MsgBox		

表 2-2　Visual Basic 数据的输入

使用对象	使用方法	举例说明
文本框		
InputBox		

第二节　实验指导

实例 1.　使用系统的立即窗口(Debug Window)显示下列表达式的值。

设　X = -5.23,Y = 25,Z = 30,P = True, K = False

(1) 67\3 Mod 2.6 * Fix(5.7)

(2) Int(X) + Fix(X) + Y/2

(3) X + Y Mod 4 * 3 + Sqr(5 * y)

(4) Not P Or K And P Or Y > Z

(5) (Y Mod 10) * 10 + Y\10

(6) Y + Z & P

【操作步骤】

(1) 打开立即窗口。在 Visual Basic 集成开发环境 IDE 中,运行"视图/立即窗口"命令或按"Ctrl + G"即可打开如图 2-1 所示的窗口。

图 2-1　"立即"窗口

"立即"窗口是 Visual Basic 所提供的一个系统对象,称为 Debug 对象,作为调试程序使用。它只有方法,不具备任何事件和属性。通常使用 Print 方法。

在设计状态时可以在立即窗口中进行一些简单的命令操作,如变量赋值,用"?"或 Print(两者等价)输出一些表达式的值。

(2) 在立即窗口中使用赋值符给变量赋值。即输入:

X = -5.23 : Y = 25 : Z = 30 : P = True : K = False <回车>

(3) 依次使用"? 表达式"或"Print 表达式"输出其表达式的值。操作如下：

? 67\3 Mod 2.6* Fix(5.7) <回车>
9　　'输出结果
Print Int(X) + Fix(X) + Y/2 <回车>
1.5　　'输出结果
? X + Y Mod 4* 3 + Sqr(5* y) <回车>
6.95033988749895　　'输出结果
? Not P Or K And P Or Y > Z <回车>
False　　'输出结果

操作结果如图 2 - 2 所示。

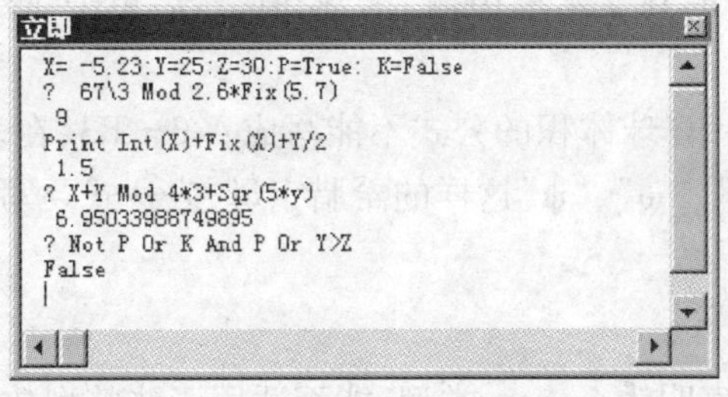

图 2-2　在立即窗口中操作实例

请读者设计一个应用程序,完成上面的操作,将其结果输出到窗体上和"立即"窗口中。

实例 2.　编程,输入球的半径 R,计算并输出球的体积 V。

(1) 界面设计。在窗体上建立标签框 Label1、Label2、Label3 和文本框控件 Text1 以及命令按钮 Command1、Command2。其中：Text1 用来输入半径,Label3 用于显示球的体积,如图 2-3 所示。

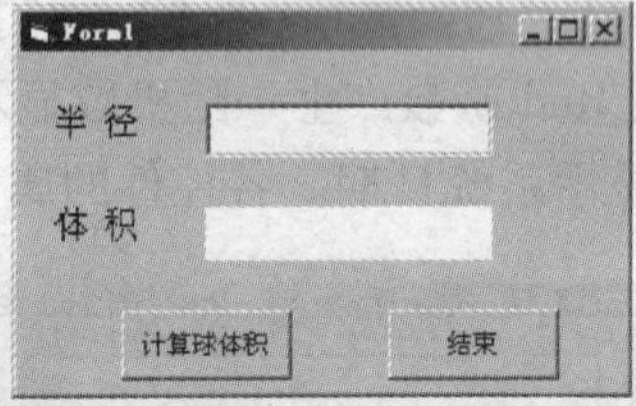

图 2-3　实例 2 的界面设计

表 2-3　实例 2 各控件的属性设置

控　　件	属性(属性值)	属性(属性值)	备　　注
标签控件 1	Name(Label1)	Caption("半径 ")	
标签控件 2	Name(Label2)	Caption("面积 ")	
文本框控件 1	Name(Text1)	Text(" ")	清空
标签控件 3	Name(Label3)	Caption (" ")	清空
命令按钮 1	Name(Command1)	Caption("计算球体积 ")	
命令按钮 2	Name(Command2)	Caption("结束 ")	

（2）过程设计。

```
Private Sub Command1_Click( )
    Dim V As Single, R As Single '一般应考虑 V、R 取实数，故声明为 Single 类型。
    R = Val(Text1. Text)
    V = 4 / 3 *  3. 14159 *  R^3
    Label3. Caption = Str(V)
End Sub
Private Sub Command2_Click( )
    End
End Sub
```

（3）运行调试。运行时在文本框中输入半径值，然后单击命令按钮 Command1，球体积值就在标签框中显示。

注意表达式的书写，计算球体积的公式不能写成 4/3π R3，在表达式的书写中不能省略乘号，也不能出现诸如“π”、“ω”、“ψ”这样的希腊字母，表达式要写在同一行上，乘幂运算符“^”也不能省略。

讨论与思考

★ 如果将变量 R、V 声明为 Integer 类型，能否适用于非整型数值的计算？

★ 如果要求计算结果具有 7 位以上的有效位数，应如何声明变量 R、V 的类型？

★ 标签控件一般用于在用户界面上标注说明性信息，文本框控件常用于在运行时输入数据，你是否同意这一说法？

实例 3. 设计一个简单的函数计算器，熟悉三角函数、随机函数、时间函数、日期函数等常用函数的使用方法与规则。

（1）界面设计。如图 2－4 所示。Sin、Cos、Sqr 函数将文本框中的数据作为函数的参数，单击相应命令按钮又在文本框中显示其函数值；单击“rnd”按钮，将把文本框中的内容转换为数值，作为“随机数种子”，并用 Rnd 函数产生一随机数显示在文本框中；单击“Time”按钮显示系统时间；单击“Date”按钮显示系统日期。各控件的属性设置如表 2－4 所示。

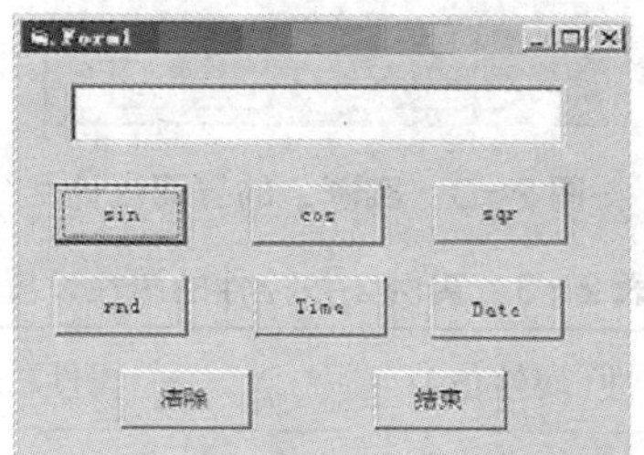

图 2－4 实例 3 的简单函数计算器的界面

表 2－4 实例 3 各控件的属性设置

控　件	属性(属性值)	属性(属性值)	属性(属性值)
文本框控件 1	Name(Text1)	Text("") 清空	FontSize(14)
命令按钮 1	Name(Cmdsin)	Caption(" sin ")	FontSize(10)

续表

控　　件	属性(属性值)	属性(属性值)	属性(属性值)
命令按钮 2	Name(Cmdcos)	Caption(" cos ")	FontSize(10)
命令按钮 3	Name(Cmdsqr)	Caption(" sqr ")	FontSize(10)
命令按钮 4	Name(Cmdrnd)	Caption(" rnd ")	FontSize(10)
命令按钮 5	Name(Cmdtime)	Caption(" Time ")	FontSize(10)
命令按钮 6	Name(Cmddate)	Caption(" Date ")	FontSize(10)
命令按钮 7	Name(Cmdclear)	Caption("清除")	FontSize(10)
命令按钮 8	Name(Cmdend)	Caption("结束")	FontSize(10)

(2) 过程设计。

```
Private Sub Cmdsin_Click( )            '计算正弦值
    Text1. Text = Sin(Val(Text1. Text))
End Sub
Private Sub Cmdcos_Click( )            '计算余弦值
    Text1. Text = Cos(Val(Text1. Text))
End Sub
Private Sub Cmdsqr_Click( )            '计算平方根
    Dim n As Byte
    If Val(Text1. Text) > = 0 Then
        Label1. Caption = Sqr(Val(Text1. Text)): Exit Sub
    End If
    n = MsgBox("开平方函数的参数为负数,是否以其绝对值为参数?", _
            vbYesNo + vbQuestion + vbDefaultButton2, "运算错误 ")
    If n = 6 Then
        Text1. Text = - Val(Text1. Text)
        Label1. Caption = Sqr(Val(Text1. Text))
    Else
        Text1. Text = " "
    End If
End Sub
Private Sub Cmdrnd_Click( )            '产生随机数
    Dim rndx As Single
    rndx = Val(Text1. Text)
    '将此数作为"随机数种子",以期使此后的调用"rnd"所返回函数值的随机性更好
    Randomize rndx
    Text1. Text = str(Rnd)
End Sub
```

```
Private Sub Cmdtime_Click( )          '显示系统时间
    Text1. Text = "现在是 " + Left(Time, 2) + "点 " + Mid(Time, 4, 2) + "分 "
End Sub
Private Sub Cmddate_Click( )          '显示系统日期
    Dim s As String,m As Integer
    s = Right(Date,Len(Date) - 5): m = InStr(s, "-  ")
    Text1. Text = "今天是 " + Left(Date, 4) + "年 " _
            + Left(s,m - 1) + "月 " + Mid(s,m + 1,Len(s) - m) + "日 "
End Sub
Private Sub Cmdclear_Click( )         '结束程序运行
    Text1. Text = " "
End Sub
Private Sub cmdend_Click( )
    End
End Sub
```

（3）运行调试。事件过程 Cmdsqr_Click 执行时，如果文本框内为一个负数，则系统会产生“实时错误”，程序运行将终止。因此，对负数的处理是调用 MsgBox 函数，发出“开平方函数的参数为负数，是否以其绝对值为参数?”的消息，并等待用户响应。

讨论与思考

★ 函数调用不是一个独立的语句，只能出现在表达式中，目的是求得函数值。

★ 要注意函数的定义域和值域，如三角函数的自变量为弧度制，开平方函数（Sqr）要求参数不小于 0，Exp(23778)的值超出 Visual Basic 实数的表示范围，会发生数据溢出等。

★ MsgBox 函数中第 2 个参数 vbYesNo + vbQuestion + vbDefaultButton2 实际上是 3 个整数之和，分别为 4、32、256，决定了消息框中有两个按钮（“是”与“否”）、一个问号图标以及第二个按钮“否”为缺省按钮（突出显示）。

★ 程序中将 vbYesNo + vbQuestion + vbDefaultButton2 改写为：4 + 32 + 256 或 292 在运行效果上有什么不同？从提高程序可读性上看哪种写法最好？

请读者参考相关教材，熟悉要选择其他的按钮样式、图标、缺省按钮，应如何确定该函数中的参数。

第三节　实 验 内 容

实验 1.　使用立即窗口（Debug Window）显示下列表达式的值（设 x = 5，y = 15，z = 3）。

（1）Len(x & y & "z ")　　（2）Sng(10 Mod 6) & x + y

（3）x Mod z + x^2\y + z　　（4）x^2 - y * 2 > 3 * z And z^3 < > x^2

（5）(y Mod 10) * 10 + y\10　　（6）Mid(Str(x^3),2,2) & y + z

（7）Ucase(Left(Mid(" This is a Book ",6),4))　　（8）Date( ) + 10

（9）Timer Mod 3600　　（10）Hour(Time( ))

实验 2.　编程，运行时在文本框 Text1 中输入 3. 1415926535626 后再单击命令按钮，结果如图 2-5 所示。

提示 在命令按钮的单击事件过程中声明 Int、Single、Double 类型变量各一个并赋相同值(Val(Text1.Text)),然后用这些变量的值改变各相应标签控件(改变标签控件的 BackColor、BorderStyle 属性,可将其外观设计成与文本框相似)的 Caption 属性。

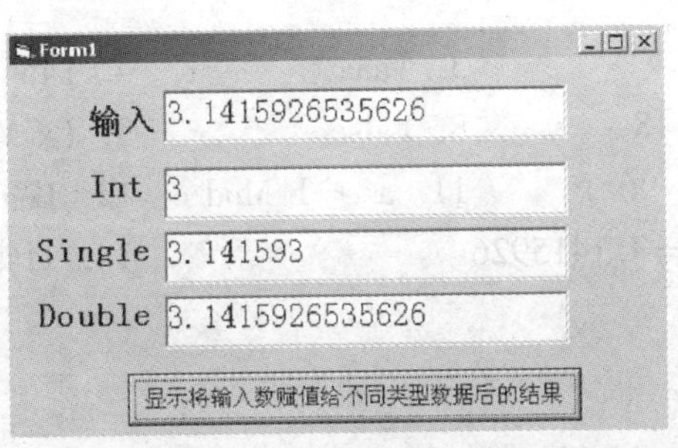

图 2-5 实验 2 的界面设计与运行结果

实验 3. 编制事件过程 Form_Click,单击窗体后用 InputBox 函数输入 1 个三位十进制整数,分别用 3 个标签控件显示其百位数、十位数、个位数。

提示

可以输入到一个 Integer 类型变量中,采用算术运算(整除、取余等)分解其百位数、十位数、个位数;也可以输入到一个 String 类型变量中,采用字符串运算函数(Left、Mid、Right)分解其百位数、十位数、个位数。

实验 4. 编程,学习使用 Visual Basic 的随机函数。界面设计如图 2-6 所示。运行时单击命令按钮,在右边 3 个标签控件上显示所生成的随机数,各随机数的数值范围如其左边标签控件上的说明所示。

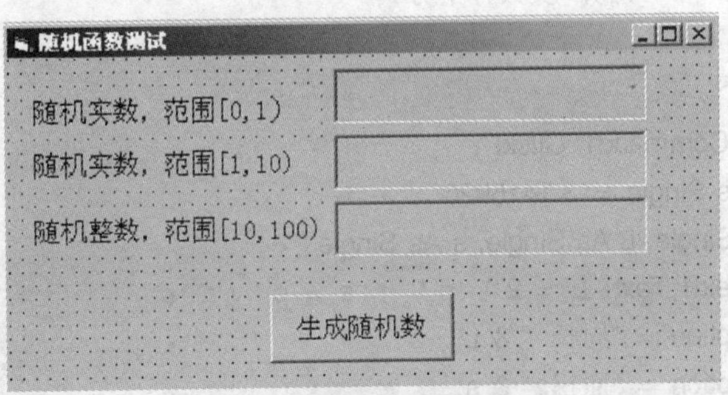

图 2-6 实验 4 的界面设计

第四节 教材习题解答

一、判断题

1. √ 2. × 3. × 4. × 5. √ 6. × 7. √ 8. √ 9. √ 10. ×

二、选择题

1. B　2. D　3. A　4. C　5. C　6. B　7. A　8. D　9. C　10. A

三、填空题

1. String　2. 4　3. " aaa "　4. 145　5. 6
6. 3　7. 18　8. False　9. (x Mod 10) * 10 + x \ 10
10. 10 + Int(Rnd * 90)　11. a * b Mod c　12. Log(x) + Sin(3.141593/6)
13. Const PI as single = 3.1415926　14. 日期　15. Int(x) + 1

四、程序设计题

1. 程序代码如下：

```
Private Sub Form_Click( )
    Const p As Single = 3.1415926
    Dim x As Double, y As Double, s As Double
    On Error GoTo pp
    x = Val(InputBox(" x ="))
    y = Val(InputBox(" y ="))
    s = Sqr((x ^ 3 + Exp(- 6) * Log(y)) _
        * Sin(x * p / 180) * Cos(y * p / 180) / (x ^ 2 + y ^ 2) _
        + (2 + 2 * x * Exp(y)) / Sqr(Abs(x * y)))
    MsgBox "算式计算结果为: " & s
    Exit Sub
pp: MsgBox "不可计算(负数开平方)! "
End Sub
```

2. 程序代码如下：

(1)
```
Private Sub Command1_Click( )
    Const p As Single = 3.1415926
    Dim r As Single, L As Single, s As Single
    r = Val(Text1.Text): L = 2 * p * r: s = p * r * r
    Label1.Caption = "周长: " & L
    Label2.Caption = "面积: " & s
End Sub
```

(2)
```
Private Sub Command1_Click( )
    Const p As Single = 3.1415926
    Dim r As Single, L As Single, s As Single
    r = Val(InputBox(" r =")): L = 2 * p * r: s = p * r * r
    Label1.Caption = "周长: " & L: Label2.Caption = "面积: " & s
End Sub
```

(3)
```
Private Sub Command1_Click( )
    Const p As Double = 3.14159265358979
```

```
    Dim r As Double, L As Double, s As Double
    r = Val(InputBox(" r =")): L = 2 * p * r: s = p * r * r
    Label1.Caption = "周长: " & L : Label2.Caption = "面积: " & s
  End Sub
```

（4）略

3. 程序代码如下：

```
  Private Sub Command1_MouseMove(Button As Integer, _
      Shift As Integer, X As Single, Y As Single)
    Command1.Left = (Form1.ScaleWidth - Command1.Width) * Rnd
    Command1.Top = (Form1.ScaleHeight - Command1.Height) * Rnd
  End Sub
  Private Sub Form_Load( )
    Command1.Caption = "无法点击到的“按钮”"
  End Subi
```

4. 程序代码如下：

```
  Private Sub Command1_Click( )
    Command1.Left = (Form1.ScaleWidth - Command1.Width) * Rnd
    Command1.Top = (Form1.ScaleHeight - Command1.Height) * Rnd
  End Sub
```

5. 程序代码如下：

```
  Private Sub Command1_Click( )
    Dim x As Byte, y As Byte, z As Byte
    x = Int(Rnd * 6 + 1): y = Int(Rnd * 6 + 1)
    z = x + y : Text1 = x : Text2 = y : Text3 = z
    Form1.BackColor = RGB(Rnd * 255, Rnd * 255, Rnd * 255)
  End Sub
  Private Sub Form_Load( )
    Form1.Caption = "投骰子算点数"
    Text1 = "": Text2 = "": Text3 = ""
    Label1.Caption = "点数之一": Label2.Caption = "点数之二"
    Label3.Caption = "点数之和"
    Label1.BackStyle = 0 : Label2.BackStyle = 0 : Label3.BackStyle = 0
    Command1.Caption = "开始投掷"
  End Sub
```

第三章　结构化程序设计与数组

第一节　学 习 指 导

一、本章主要任务

1. 理解结构化程序设计的基本思想，掌握3种基本结构程序设计的特点
2. 掌握选择控制结构语句 If 语句和 Select Case 语句的使用及选择结构的嵌套应用
3. 掌握循环控制结构语句 For/Next 语句、Do/Loop 语句及 While/Wend 语句的使用
4. 掌握循环结构的嵌套应用、循环结构和选择结构的嵌套应用
5. 掌握一维数组和二维数组的定义及引用方法
6. 掌握动态数组的使用方法
7. 掌握程序设计中的一些常用算法，如计数、求和、穷举法；循环控制的迭代法；数组的选择排序(分类)或冒泡法、查找、插入；字符串的一般处理等

二、重点与难点

重点：

1. 选择结构及循环结构的应用
2. 数组的应用
3. 程序设计中的一些常用算法

难点：

1. 选择的嵌套及多重循环结构程序设计，数组的应用
2. 一些常用算法的设计和编程实现

三、要点概述与学习建议

Visual Basic 是面向对象的程序设计语言，采用的是面向对象的程序设计方法，在 Visual Basic 的程序设计中，具体到每个对象的事件过程或模块中的每个通用过程，还是要采用结构化的程序设计方法，所以 Visual Basic 也是结构化的程序设计语言，每个过程的程序控制结构由顺序结构、选择结构和循环结构组成。

本章是整个课程的重点，同时也是难点，能否编写程序很大程度上取决于对本章内容的掌握和灵活应用能力。建议读者在学习本章时要花较多的时间认真阅读教材、理解教材例题程序，最好能多上机编写调试程序。由于解决一个问题通常可采用不同方法、设计不同风格的程序界面、编写出多个程序，教材中给出的程序只是其中的一个，仅起到抛砖引玉的作用，读者完全可以修改这些程序，让其功能更完善、结构更优化。

1. 选择控制结构

在 Visual Basic 程序设计中,使用 If 语句和 Select Case 语句来处理分支结构。其特点是：根据所给定的条件成立(为 True)或不成立(为 False),而决定从各实际可能的不同分支中执行某一分支的相应操作(程序块),并且任何情况下总有"无论条件多寡,必择其一"的特性。关于选择结构的嵌套容易出错,读者应注意以下几点：

(1) 嵌套只能在一个分支内嵌套,不出现交叉。其嵌套的形式将有很多种,嵌套层次也可以任意多。下面是两种正确的嵌套形式：

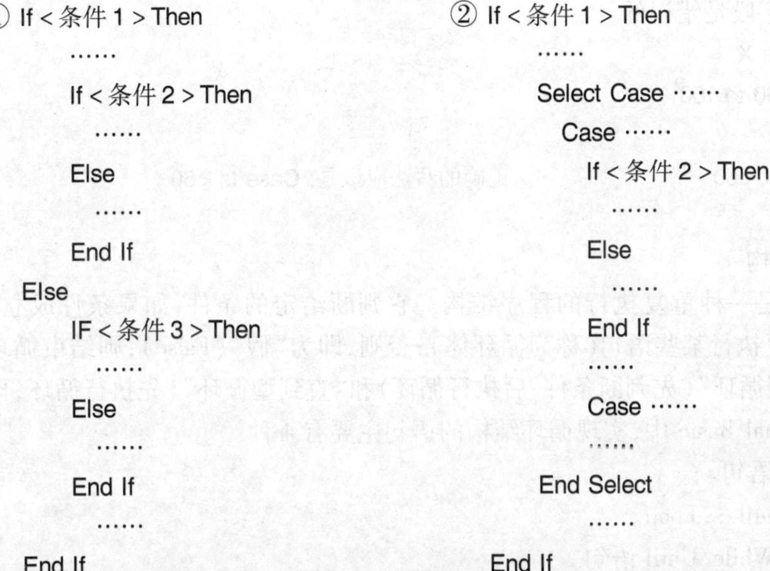

```
① If <条件 1> Then
      ……
      If <条件 2> Then
         ……
      Else
         ……
      End If
   Else
      IF <条件 3> Then
         ……
      Else
         ……
      End If
         ……
   End If
```

```
② If <条件 1> Then
      ……
      Select Case ……
       Case ……
          If <条件 2> Then
             ……
          Else
             ……
          End If
          ……
       Case ……
          ……
      End Select
      ……
   End If
```

(2) 多层 If 嵌套结构中,要特别注意 If 与 Else 的配对关系,Else 语句不能单独使用,它必须与 If 配对使用,配对的原则是：Else 总是与其最靠近的 If 语句配对,从 Else 语句处往上查找,如遇 End If 则需跳过一个 If,同时要跳过单行 If 语句。

例如：下面程序段标注了 2 个 Else 语句的配对关系。

```
If x > =0 Then
    If x =0 Then y =10*  x +5
    If x >10 Then
        y =10/y +2
    Else
        y =5*  x - 8
    End If
Else
    y =x*  x
End If
```

为了便于阅读和维护,建议在写含有多层嵌套的程序时,使用缩进对齐方式。

(3) If 语句有行结构形式和块结构形式,在编写程序时,不要将 If 语句的行结构与块结构混用。如下面的程序段就是错误的。

```
If X < Y Then T = X
    X = Y
```

```
        Y = T
    End If
```

(4) 在 Select Case 语句中，Select Case 后面的 <测试表达式> 通常是数值表达式和字符串表达式；Case 子句的顺序是任意的，但当 Case 情况子句的表达式的值出现相同时，则只执行与之匹配的第一个子句的语句块，这时 Case 子句的顺序对执行结果有影响。

(5) 在 Case 子句中若使用关系表达式，式中一定要使用关键字 Is 来代替 Select Case 后面的表达式的值。

例如：下面程序段是错误的。

```
    Select Case X
        Case 90 to 100
            ......
        Case X <60                  '正确的写法应该是: Case Is <60
    End Select
```

2. 循环控制结构

循环控制结构是一种重复执行的程序结构。它判断给定的条件，如果条件成立，即为"真"(True)，则重复执行某些语句(称为循环体)；否则，即为"假"(False)，则结束循环。通常循环结构有"当型循环"(先判断条件，后执行循环)和"直到型循环"(先执行循环，再判断条件)两种。在 Visual Basic 中，实现循环结构的语句主要有 4 种：

★ For... Next 语句。

★ Do While/Until... Loop。

★ Do... Loop While/Until 语句。

★ While... Wend 语句。

(1) 4 种循环语句的比较。一般情况下，4 种循环语句可以相互代替，其中 While... Wend 语句与 Do While... Loop 语句功能等价，区别在于在 While... Wend 语句中没有像在 Do While... Loop 语句中可以用 Exit Do 语句提前退出循环的语句，表 3 - 1 给出了 3 种循环语句的区别。

表 3 - 1　3 种循环语句的区别

	For... To... ... Next	Do While/Until... ... Loop	Do ... Loop While/Until...
循环类别	当型循环	当型循环	直到型循环
为循环变量赋初值	在 For 语句行中	在 Do 之前	在 Do 之前
循环控制条件	循环变量大于或小于终值	条件成立/不成立执行循环	条件成立/不成立执行循环
提前结束循环	Exit For	Exit Do	Exit Do
改变循环条件	For 语句中无需专门语句，由"Next"自动改变	必须使用专门语句	必须使用专门语句
使用场合	循环次数容易确定	循环/结束控制条件易给出	循环/结束控制条件易给出

(2) 循环结构的嵌套。如果在一个循环内完整地包含另一个循环结构，则称为多重循

环或循环嵌套,嵌套的层数可以根据需要而定,嵌套一层称为二重循环,嵌套两层称为三重循环。上面介绍的几种循环控制结构可以相互嵌套,下面是几种常见的二重嵌套形式:

①
```
For I = ……
    ……
    For J = ……
      ……
    Next J
    ……
Next I
```

②
```
For I = ……
    ……
    Do While/Until ……
      ……
    Loop
    ……
Next I
```

③
```
Do While……
    ……
    For J = ……
    ……
    Next J
    ……
Loop
```

④
```
Do While/Until…….
    ……
    Do While/Until ……
    ……
    Loop
    ……
Loop
```

⑤
```
Do
    ……
    For J = ……
    ……
    Next J
    ……
Loop While/Until……
```

⑥
```
Do
    ……
    Do ……
    ……
    Loop While/Until……
    ……
Loop While/Until……
```

说明

① 在使用循环的嵌套时,内循环变量与外循环变量不能同名;下面程序内、外循环变量同名,是错误的。

```
For ii =1 To 10
    For ii =1 To 20
    ……
    Next ii
Next ii
```

② 外循环必须完全包含内循环,不能交叉。下面程序内、外循环出现交叉,是错误的。

```
For ii =1 To 10
    For jj =1 To 20
    ……
    Next ii
Next jj
```

③ 不能从循环体外转向循环体内,反之则可以。

④ 在循环体内可以使用条件语句与 Exit For/Exit Do 等语句来结束循环,在多重循环体中,Exit For/Exit Do 语句只能用来退出本层循环。如:

```
For N = 3 To 99 Step 2
```

```
        K = Int(Sqr(N))
        For I = 2 To K
            If N Mod I = 0 Then Exit For        '退出内层 For 循环
        Next I
        If I > K Then Print N; "是素数 "
    Next N
```

（3）循环结构与选择结构的嵌套。在循环结构中可以完整嵌套选择结构，即整个选择结构都属于循环体。在选择结构中嵌套循环结构时，则要求整个循环结构必须完整地嵌套在一个分支内，一个循环结构不允许出现在两个或两个以上的分支内。在下面 For 循环与选择结构组成的嵌套结构，其中只有①、②、④的嵌套结构是正确的，其余都是错误的。

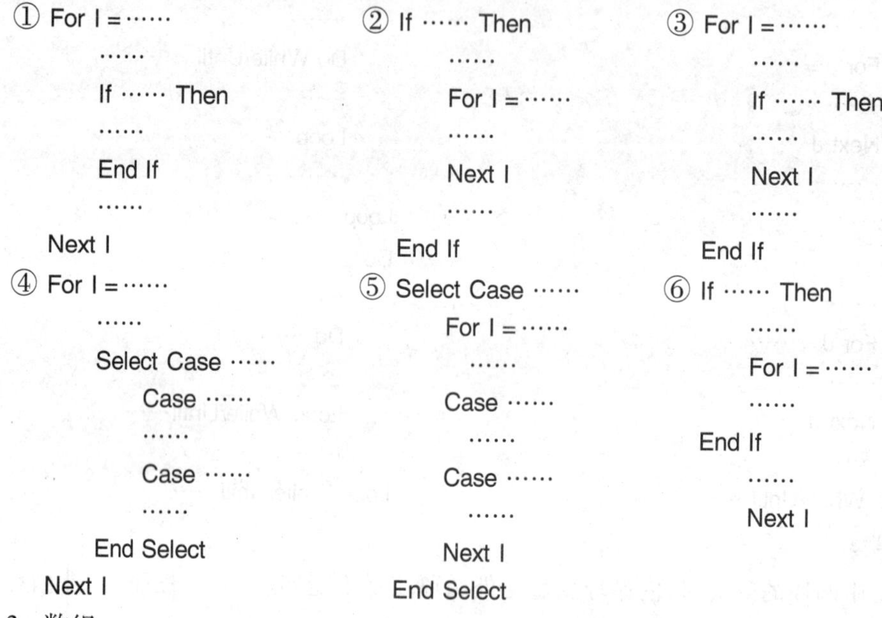

```
① For I = ……
      ……
      If …… Then
      ……
      End If
      ……
  Next I
```

```
② If …… Then
      ……
      For I = ……
      ……
      Next I
      ……
  End If
```

```
③ For I = ……
      ……
      If …… Then
      ……
      Next I
      ……
  End If
```

```
④ For I = ……
      ……
      Select Case ……
          Case ……
          ……
          Case ……
          ……
      End Select
  Next I
```

```
⑤ Select Case ……
      For I = ……
        ……
      Case ……
        ……
      Case ……
        ……
      Next I
  End Select
```

```
⑥ If …… Then
      ……
      For I = ……
      ……
  End If
      ……
      Next I
```

3. 数组

在程序中使用数组的最大好处是用一个数组名代表逻辑上相关的一批数据，用下标表示该数组中的各个元素，与循环语句结合使用，使得程序书写简洁、结构清晰。

数组并不是一种数据类型，而是一组相同类型的变量的集合，数组中的每个数据称为数组的元素，元素在数组中按线性顺序排列。用数组名代表逻辑上相关的一批数据，每个元素用下标变量来区分；下标变量代表元素在数组中的位置。高级语言中，可以定义不同维数的数组。所谓维数，是指一个数组中的元素，需要用多少个下标变量来确定。常用的是一维数组和二维数组。一维数组可表示数学中的数列，二维可表示数学中的矩阵。

与数组有关的一些基本算法，这些算法常常都要使用循环结构来实现。

（1）求数组中最小元素及其下标。

```
…… '假设数组及相关变量已定义，并已赋值
max = a(1)                    '假设第一元素就是最小元素
p = 1
For i = 2 To 10
    If a(i) < max Then
        max = a(i)
```

```
            p = i
        End If
    Next i
Print "数组第 " & p & "个元素值最大值为 " & max
```

(2) 数组中各元素的倒置(即第一个元素与最后一个元素的交换、第二个元素与倒数第二个元素的交换……即第 i 个与第 n - i + 1 个元素的交换)。

```
…… '假设数组及相关变量已定义,并已赋值
For i = 1 To n\2
    t = a(i): a(i) = a(n - i + 1): a(n - i + 1) = t
Next i
```

(3) 数据排序(选择法、冒泡法)。排序是数据处理中最常见的问题,它是将一组数据按递增或递减的次序排列。例如,对一个班的学生考试成绩排序,多个商场的日均销售额排序等。排序的算法有很多种,常用的有选择法、冒泡法等,要求读者熟练掌握这两种算法。选择法排序在教材例 3 - 27 有详细介绍,建议读者认真阅读理解。下面介绍冒泡法排序的算法。

设有 n 个存放在数组 a(n) 中的数。其算法的基本思想:

第一遍将相邻两个数比较,小的调到前头,经 $n-1$ 次两两相邻比较后,最大的数已"沉底",放在最后一个位置,小数上升"浮起";

第二遍对余下的 $n-1$ 个数(最大的数已"沉底")按上述方法比较,经 $n-2$ 次两两相邻比较后得次大的数就放到倒数第二的位置;

依次类推,n 个数共进行 $n-1$ 遍比较,在第 j 趟中要进行 $n-j$ 次两两比较。

冒泡法排序程序段如下:

```
For i = 1 To n - 1
  For j = 1 To n - i
    If a(j) > a(j + 1) Then
      temp = a(j): a(j) = a(j + 1): a(j + 1) = temp
    End If
  Next j
Next i
```

(4) 在 a 数组中查找某数 x,顺序查找(把 x 与 a 数组中的元素从头到尾进行比较查找)。

(5) 矩阵乘法的程序,参见教材例 3 - 22。

第二节　实验指导

实例 1.　输入 3 个数,如果 3 条线段的长度分别等于这 3 个数,判断这 3 条线段能否构成三角形。如果能够构成三角形,计算并在窗体上输出三角形的面积,程序界面如图 3 - 1 所示。

提示

构成三角形的条件是,任意两边之和大于第三边;计算三角形面积的公式如下。

$$s=\sqrt{x(x-a)(x-b)(x-c)}\text{，其中：}x=\frac{1}{2}(a+b+c)$$

（1）界面设计。利用文本框 TxtA、TxtB、TxtC 输入 3 个数据，计算结果使用标签控件 LblRs 输出，各对象主要属性的设置参见表 3-2。

表 3-2　实例 1 各控件的主要属性设置

控　　件	属性(属性值)	属性(属性值)	属性(属性值)
窗　体	Name(Form1)	Caption("计算三角形面积")	
标签控件 1	Name(Label1)	Caption("输入三角形的三边长度")	FontSize = 12
标签控件 2、3、4	取缺省控件名称	Caption 属性值分别为"a"、"b"、"c"	FontSize = 12
标签控件 5	取缺省控件名称	Caption("三角形的面积为：")	FontSize = 12
标签控件 6	Name(LblRs)	Caption("")	FontSize = 12
文本框控件 1	Name(TxtA)	Text("")	FontSize = 12
文本框控件 2	Name(TxtB)	Text("")	FontSize = 12
文本框控件 3	Name(TxtC)	Text("")	FontSize = 12
命令按钮控件 1	Name(Command1)	Caption("计算")	FontSize = 12
命令按钮控件 2	Name(Command2)	Caption("清除")	FontSize = 12

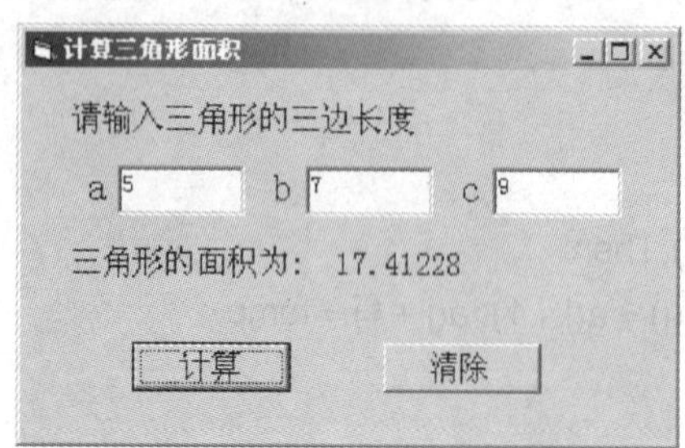

图 3-1　实例 1 的程序界面

（2）过程设计。

```
Private Sub Command1_Click( )                    '计算
    Dim a As Single, b As Single, c As Single, s As Single, x As Single
    a = Val(txtA. Text): b = Val(txtB. Text): c = Val(txtC. Text)
    If a + b > c And a + c > b And b + c > a Then
      x = (a + b + c) / 2
      s = Sqr(x * (x - a) * (x - b) * (x - c))
      LblRs. Caption = Str(s)
    Else
      MsgBox "无法构成三角形", vbOKOnly + vbCritical, "输入错误"
    End If
End Sub
Private Sub Command2_Click( )                    '清除
```

```
        txtA. Text = " ": txtB. Text = " "
        txtC. Text = " ": LblRs. Caption = " "
    End Sub
```

(3) 运行调试。运行时,在3个文本框输入3个数据,单击“计算”按钮,判断:若能构成三角形,则计算并输出其面积;若不能,则使用 MsgBox 过程输出“无法构成三角形”的提示信息。

讨论与思考

★ If 语句最重要的是编写逻辑表达式,如果将 If 语句条件表达式中“And”改为“Or”运算符,程序将出现什么情况?

★ MsgBox 语句中的标识符 vbOKOnly、vbCritical 分别是什么含义?

实例2. 编制用户身份验证程序。设3个不同密码表示不同类型用户,通过身份验证后显示该用户类型。运行界面如图3-2所示,要求在文本框中输入的密码最长不超过7个字符。

设密码分别为1234567(普通用户)、1989643(授权用户)和1687799(特许用户),按回车键表示密码输入结束。如果输入密码正确,则用 MsgBox 对话框显示“你的口令正确,已通过身份验证”并显示用户类型;否则显示“口令不正确,是否重试!”(有“是”和“否”两个按钮),当用户单击“是”则将焦点定位到文本框中、清除文本框中的内容并允许再输入一遍,如果单击“否”则退出程序。

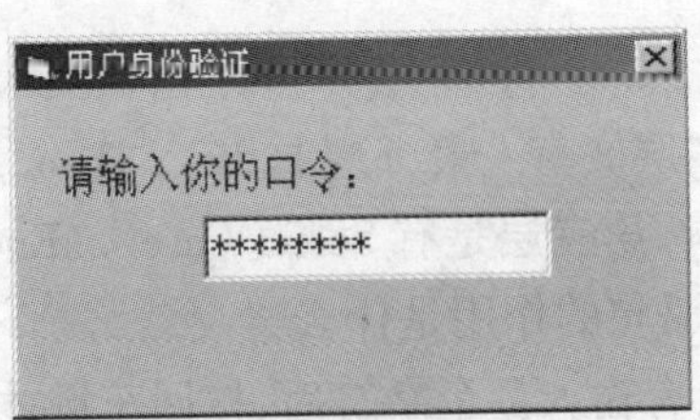

图3-2 用户身份验证程序的运行界面

(1) 界面设计。界面设计如图3-2所示,在窗体上建立标签控件、文本框控件各一个,并设置相关属性。

(2) 过程设计。根据题目的要求,初始属性设置放在窗体中 Load 事件来处理。在文本框 Text1 的 KeyPress 事件中完成用户身份验证,程序代码如下:

```
Private Sub Form_Load( )             '设置主要对象的属性
    Form1. Caption = "用户身份验证 "
    Text1. Text = " ": Text1. PasswordChar = "*  ": Text1. MaxLength = 7
End Sub
Private Sub Text1_KeyPress(KeyAscii As Integer)
    Dim pw As String, i As Integer
    If KeyAscii = 13 Then              '按回车键后进行密码检验
      pw = Trim(Text1. Text)
      '判断密码是否正确
      If pw = "1234567 " Or pw = "1989643 " Or pw = "1687799 " Then
        MsgBox "你的口令正确,已通过身份验证 ", vbInformation + _
    vbOKOnly, "用户身份验证 "
```

```
            Select Case pw
              Case "1234567"
                Label1. Caption = "你是普通用户"
              Case "1989643"
                Label1. Caption = "你是授权用户"
              Case "1687799"
                Label1. Caption = "你是特许用户"
            End Select
        Else            '密码不正确
          i = MsgBox("口令不正确,是否重试", vbYesNo + vbQuestion, "提示信息")
          If i = vbYes Then Text1. Text = " ": Text1. SetFocus Else End
          End If
        End If
    End Sub
```

(3) 运行调试。运行时输入不正确的口令后按回车键,将出现一个对话框:单击命令按钮"是(Y)"则可重输入,单击"否(N)"则退出程序。

当输入正确口令按回车键后,将显示通过验证的信息并用标签控件 Label1 显示用户类型。

讨论与思考

★ 本程序是选择结构的多层嵌套:最外层是 If... Then... End If 结构,嵌套了第二层 If... Then... Eles... End If 结构,第三层是有 Select Case... End Select 结构。

★ 程序中 Text1. SetFocus 语句的作用是什么?

★ 如果要求在文本框中只有输入 7 个字符后,按回车键才起作用,应如何修改程序?

★ 如果最多允许用户输入 3 次密码,即当第三次输入仍不对,则提示"非法用户",并退出程序,如何修改程序?

实例 3. 编程,判断一个整数是否为素数。素数指除了能被 1 和自身外,不能被其他整数整除的自然数。

分析:判断整数 N 是否是素数的基本方法是:将 N 分别除以 2,3,…,N-1,若都不能整除,则 N 为素数。事实上不必除那么多次,因为 N = Sqr(N) * Sqr(N),所以,当 N 能被大于等于Sqr(N)的整数整除时,一定存在一个小于等于 Sqr(N)的整数,使 N 能被它整除,因此只要判断 N 能否被 2,3,…,Sqr(N)整除即可。

(1) 界面设计。在窗体上建立 3 个标签控件、1 个文本框控件和 1 个命令按钮控件,运行时的显示结果如图 3-3 所示。按表 3-3 设置各对象的主要属性,其他属性为默认值。

图 3-3 实例 3 的运行结果

表 3-3 实例 3 各对象主要属性的设置

控　件	属性(属性值)	属性(属性值)	属性(属性值)
窗　体	Name(Form1)	Caption("判断素数 ")	
标签控件 1	Name(Label1)	Caption("输入一个整数 ")	FontSize = 16
标签控件 2	Name(Label2)	Caption("判断结果 ")	FontSize = 12
标签控件 3	Name(Label3)	Caption(" ")	FontSize = 20
文本框控件 1	Name(Text1)	Text(" ")	FontSize = 12
命令按钮控件 1	Name(Command1)	Caption("判断 ")	FontSize = 12

(2) 过程设计。

```
Private Sub Command1_Click( )
    Dim N As Integer, I As Integer, result As Boolean
    result = True : N = Val(Text1. Text)
    For I = 2 To Int(Sqr(N))
      If N Mod I = 0 Then result = False : Exit For
    Next I
    If result Then
      Label3. Caption = N & "是素数 " _
    Else
      Label3. Caption = N & "不是素数 "
    End If
End Sub
Private Sub Text1_KeyPress(KeyAscii As Integer)      '禁止输入非数字字符
  If KeyAscii <48 OR KeyAscii >57 Then KeyAscii = 0
End If
Private Sub Text1_LostFocus( )        '处理当文本框中没有输入数据,而失去焦点情况
  If Val(Text1. Text) = 0 Then Text1. SetFocus
End Sub
```

(3) 运行调试。运行时,在文本框中输入 2357 后,执行效果如图 3-3 所示。

讨论与思考

★ 文本框的 KeyPress 事件的功能是什么?

★ 试将 Command1_Click 过程中的 For/Next 循环分别改用 Do While/Until... Loop、Do... Loop While/Until、While... Wend 循环语句来实现。

★ 如果不用 result 变量设置标志,如何通过循环变量判断是否为素数。

实例 4. 统计文本框中英文单词的个数(单词由空格、逗号、分号、感叹号、回车符、换行符作为单词之间的分隔符)。

算法设计:

★ 变量 Last 存放上一次取出的字符、Char 存放当前所取出字符,变量 nw 累计单词数,

从左边开始的第 I 个字符的位置用变量 I 存放、其初值为 1。

★ 文本(字符串)的左边开始,取出第 I 个字符值赋给 Char,如果 Char 是英文字母,并且它的前一个字符 Last 是单词分隔符,则表示当前的字母是新单词的开始,累计单词数。

★ 将 Char 值赋给 Last、I 自增 1,重复第 2、第 3 步直到文本末尾。

(1) 界面设计。在窗体上建立文本框、标签和命令按钮控件各一个。运行时的结果如图3-4所示。按表 3-4 设置各对象的主要属性,其他属性为默认值。

图 3-4 实例 4 的运行界面

表 3-4 实例 4 各对象的主要属性

控 件	属性(属性值)	属性(属性值)	属性(属性值)
窗 体	Name(Form1)	Caption("统计单词数 ")	
标签控件 1	Name(Label1)	Caption(" ")	FontSize = 12
文本框控件 1	Name(Text1)	Multiline(True)	ScrollBars(2)
命令按钮控件 1	Name(Command1)	Caption("统计 ")	FontSize = 12

(2) 过程设计。

```
Private Sub Command1_Click( )
  Dim Nw As Integer, I As Integer, n As Integer
  Dim St As String, Char As String, Last As String
  St = Text1. Text : Last = " ": n = Len(St)
  For I = 1 To n
    Char = Mid(St, I, 1)
    If UCase(Char) > = " A " And UCase(Char) < = " Z " Then
       Select Case Last
          'Last 是单词分隔字符,回车符(Chr(13))、换行符(Chr(10))
          Case " ", ",", ";", ". ", Chr(13), Chr(10)
          Nw = Nw + 1
       End Select
    End If
      Last = Char
    Next I
  Label1. Caption = "共有单词数: " & Nw
  End Sub
```

(3) 运行调试。运行时,输入几行英文语句后单击“统计”按钮,可统计文本框中的单词数。

讨论与思考

★ 程序中的函数 UCase 的作用是什么？

★ 程序中为什么将变量 Last 的初值赋值为空格字符？如果赋值为空字符,即 Last = " ",则程序运行会出现什么问题？

★ 分析该程序,如果在文本框中输入了数字和汉字,能否实现正确统计？

实例 5. 在一个具有 n 个升序排列元素的一维数组中插入一个新的元素 x,要求插入后数组中的元素仍按升序排列。

算法分析：设 n 个数据按升序存放在数组 a(1) ~ a(n)中,要插入的数为 x,从第 1 个元素开始逐个与 x 进行比较。

★ 如果所有元素均小于 x,则确定插入的位置为 n + 1；

★ 从第 1 个元素开始、第一次发现第 p 个元素大于 x,则确定插入的位置 p,以下列语句实现插入。

```
For p = 1 to n
    If x > a(p) Then Exit For
Next p
For i = n to p step - 1
    a(i + 1) = a(i)
Next i
a(p) = x
```

(1) 界面设计(略)。

(2) 过程设计。为调试程序方便,使用随机函数产生 10 个随机整数存于数组中。先对数组排序,然后输入一个插入的数据,将其按上面的算法插入到数组中。

```
Private Sub Form_Click( )
    Const N = 10
    Dim a( ) As Integer, x As Integer, i As Integer
    Dim j As Integer, t As Integer, p As Integer
    ReDim a(1 To N)
    For i = 1 To N
      a(i) = Int(Rnd * 90) + 10
    Next i
    For i = 1 To N - 1                    '使用选择法,对数组 a 进行排序
      p = i
      For j = i + 1 To N
          If a(p) > a(j) Then p = j
      Next j
      t = a(i): a(i) = a(p): a(p) = t
    Next i
    For i = 1 To N
      Print a(i);
    Next i                     '输出排序后的数组
```

```
    x = Val(InputBox("请输入待插入的元素 ", "插入 "))
    For p = 1 To N
      If a(p) > x Then Exit For
    Next p                              '确定插入位置
    ReDim Preserve a(1 To N + 1)
    For j = N To p Step - 1
      a(j + 1) = a(j)
    Next j                              '空出插入位置
    a(p) = x                            '插入
    For i = 1 To N + 1
      Print a(i);
    Next i
    Print
End Sub
```

(3) 运行调试。运行时,单击窗体就能看到在窗体上输出 10 个有序的数据,并出现一个输入对话框,要求输入待插入的数据,如图 3－5 所示。分别输入小于最小的、大于最大的和介于最大和最小之间的数据,查看插入结果是否正确。

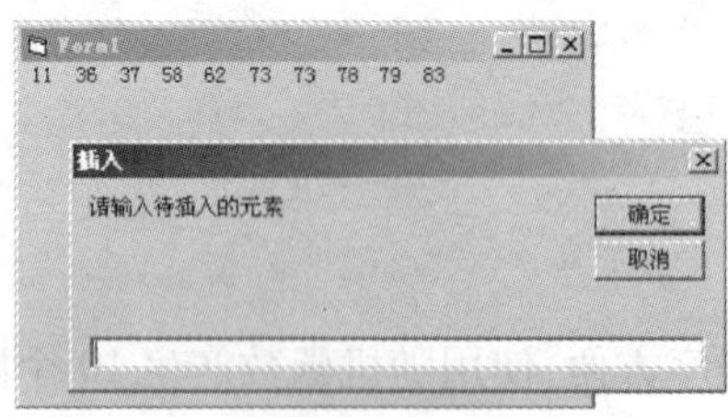

图 3－5　实例 5 的运行效果

讨论与思考

★ 如果要插入的数据与数组中的某个元素相等,该数据是插入该数据之前还是之后呢?

★ 程序中为什么要使用动态数组? 如果将数组定义为定长数组,程序能运行吗?

实例 6.　显示如图 3－6 所示的杨辉三角形(用一个下三角矩阵表示,每行第一个和主对角线上元素都为 1,其余每个数正好等于它上一行的同一列与前一列两数之和)。

算法设计:定义一个二维数组 a,其每行第一个元素 a(i, 1)、主对角线上元素 a(i, i)均为 1,其余元素 a(i, j)值为 a(i － 1, j － 1)与 a(i － 1, j)之和。

(1) 界面设计。在窗体上各建立 1 个图片框、文本框和标签控件,运行界面如图 3－6 所示。按表 3－5 所示设置各控件的主要属性,其他属性取缺省值。

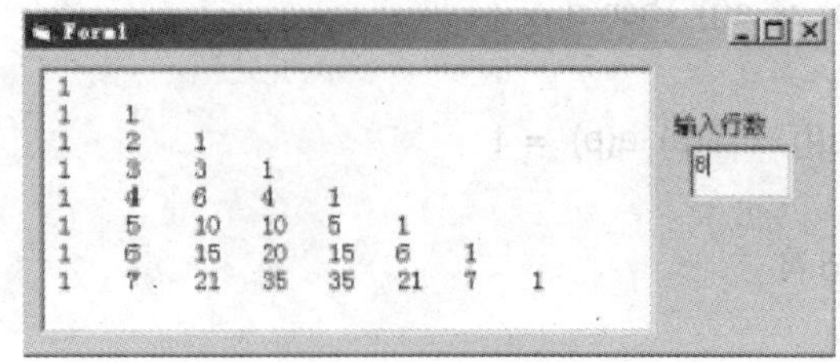

图 3－6　实例 6 的运行界面

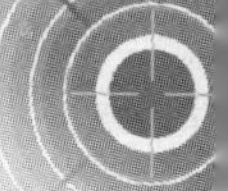

表 3-5 实例 6 的部分属性设置

控 件	属性(属性值)	属性(属性值)	属性(属性值)
窗 体	Name(Form1)	Caption("杨辉三角形 ")	
标签控件 1	Name(Label1)	Caption("输入行数 ")	FontSize = 16
文本框控件 1	Name(Text1)	Text(" ")	
图片框控件 1	Name(Picture1)	BackColor = vbWhite	

(2) 过程设计。编写文本框控件的 KeyPress 事件过程：当输入一个整数、按回车键后，在图片框控件中用 Print 方法显示结果。

```
Private Sub Text1_KeyPress(KeyAscii As Integer)
    Dim a( ) As Integer                          '定义变长数组
    Dim n As Integer, i As Integer, j As Integer
    If KeyAscii < > 13 Then Eixt Sub
    n = Val(Text1. Text)                         '按回车键后执行下列操作
    Picture1. Cls                                '清除图片框中的显示结果
    ReDim a(n, n)                                '将数组重新定义为 n×n 的数组
    For i = 1 To n                               '给第 1 列和主对角线上的元素赋值 1
        a(i, i) = 1 : a(i, 1) = 1
    Next i
    For i = 3 To n                               '为其他元素赋值
      For j = 2 To n - 1
        a(i, j) = a(i - 1, j - 1) + a(i - 1, j)
      Next j
    Next i
    For i = 1 To n
      For j = 1 To i
        Picture1. Print a(i, j);
        If a(i,j) <10 Then
          Picture1. Print Space(2);
        Else
          Picture1. Print Space(1);
        End If
      Next j
      Picture1. Print
    Next i
End Sub
```

(3) 运行调试。运行时，在文本框输入 8 并按回车键后，输出结果如图 3-6 所示。

讨论与思考

★ 程序中的语句“If a(i, j) < 10 Then...”的作用是什么？如果将其删除，对输出结果有什么影响？

★ 试修改程序,实现如图 3-7 所示的显示效果。

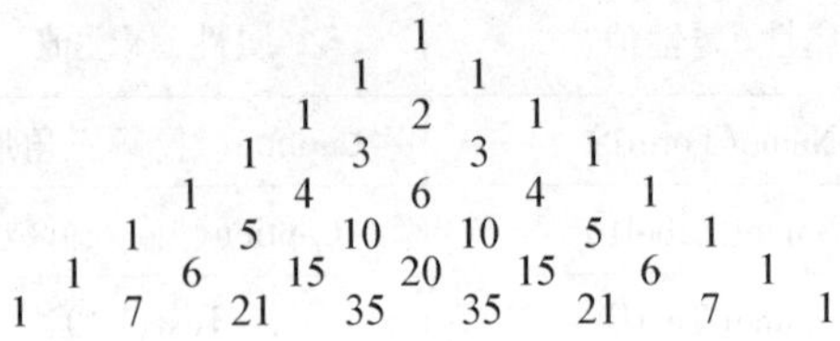

图 3-7 等腰杨辉三角形

★ 能否使用一维数组来实现本题的要求,如果能,应怎样改写程序?

第三节 实验内容

实验 1. 设计一个字符大小写转换程序,程序运行界面如图 3-8 所示。当在文本框 Text1 中输入大写字母,在文本框 Text2 中同时显示其小写字母;当在文本框 Text1 中输入小写字母,在文本框 Text2 中同时显示其大写字母;当输入其他字符,则在文本框 Text2 中原样输出。

图 3-8 实验 1 的程序运行界面

实验 2. 编程,输入平面上任一点的坐标(x,y),判断并显示该点位于哪个象限的信息。例如,当输入 2,-5 时,输出"2,-5 位于第四象限",运行结果如图 3-9 所示。

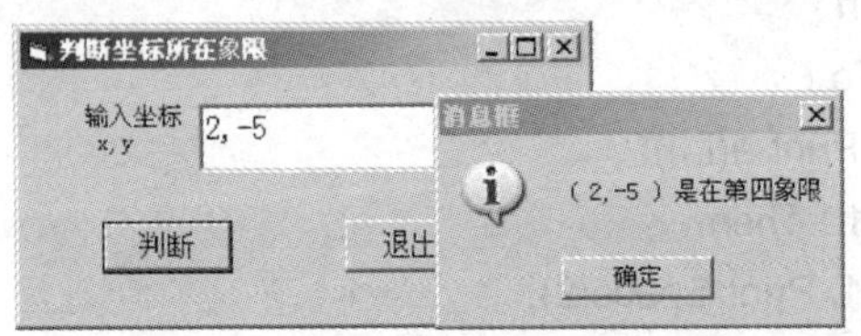

图 3-9 实验 2 的程序运行结果

实验 3. 设计"健康称"程序,界面设计如图 3-10 所示。具体要求如下:

★ 窗体上的标记"身高"、"体重"、"cm"、"kg"用标签控件显示。

★ 将两个文本框的文字对齐方式均设置为右对齐,最多接受 3 个字符。

★ 两个文本框均不接受非数字键。

★ 单击"健康状况"按钮后,根据计算公式将相应提示信息通过标签显示在按钮下面,如图 3-10 所示。

计算公式为:标准体重 = 身高 - 105

体重高于标准体重的 1.1 倍为偏胖,提示"偏胖,加强锻炼,注意节食"。

体重低于标准体重的 90% 为偏瘦,提示"偏瘦,增加营养"。

其他为正常,提示“正常,继续保持”。

实验 4.　编程,输入一个整数 n(n 大于 0、小于 10)后,显示如图 3－11 所示的图案。

实验 5.　编程,计算算式 $1-\frac{1}{2!}+\frac{1}{3!}-\frac{1}{4!}+\cdots+(-1)^{n-1}\frac{1}{n!}$ 的和,要求精度达到 0.000001。

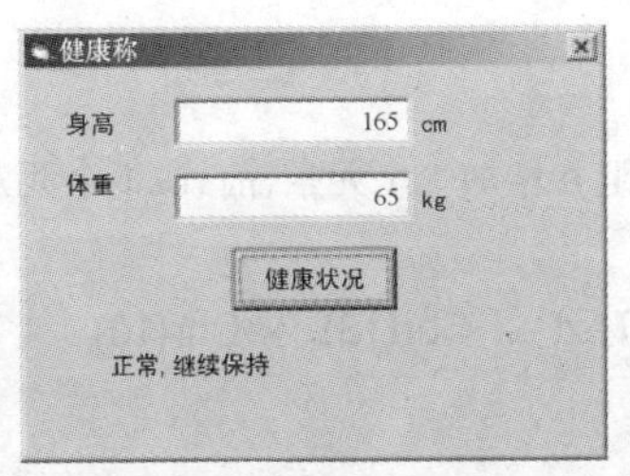

图 3－10　实验 3“健康称”程序的界面设计和运行效果

```
    1
   222
  33333
 4444444
555555555
 6666666
  77777
   888
    9
```

图 3－11　实验 4 的运行效果

实验 6.　编程序验证哥德巴赫猜想。即一个大于等于 6 的偶数可以表示为两个素数之和。

如:6＝3＋3,8＝3＋5,10＝ 3＋7。

实验 7.　编程,将一维数组中 10 个元素向右循环移 n 位。

例如,数组各元素的值依次为:1、3、5、7、9、2、4、6、8、10;向右位移 3 次后各元素值依次为:6、8、10、1、3、5、7、9、2、4。

要求:数组各元素及移位次数 n 使用 InputBox( )函数输入,移动前和移动后的数据分别显示在在窗体上。

实验 8.　编程,用随机函数产生 100 个[0,99]范围内的随机整数,统计个位上的数字为 0 的元素个数、个位上的数字为 1 的元素个数,…,个位上的数字为 9 的元素个数。

实验 9.　编程,用随机函数产生 50 个 10～100 之间的互不相同的整数,存于一数组中,并以升序每行 10 个数显示在窗体上。

实验 10.　编程,在文本框控件 1 中输入若干个以回车键结束的字符串:每输入一个字符串,即将各字符串按输入的先后顺序在文本框控件 2 中显示,按升序在文本框控件 3 中显示。程序运行时的窗体界面如图 3－12 所示。

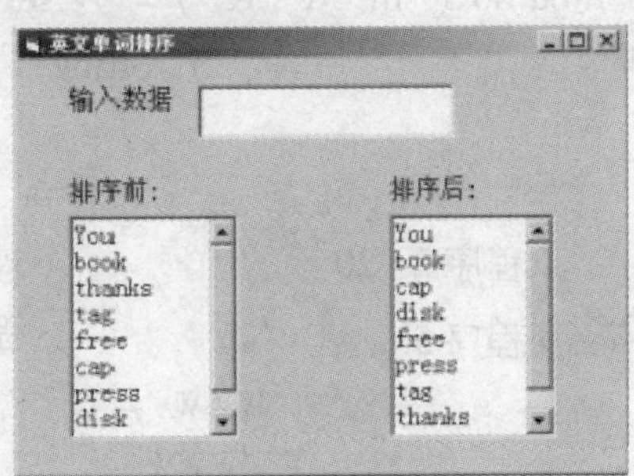

图 3－12　实验 10 的程序运行界面

提示

★ 声明模块级字符型动态数组 s 和整型变量 n(表示输入字符串的个数)。即在通用声明段声明如下：Dim n As Integer, a( ) As String。

★ 可参考下列事件过程，处理所输入的各字符串，其中语句“ReDim Preserve a(n)”中的关键字“Preserve”，可以保持增加了元素的数组中原有元素值不变。

```
Private Sub Text1_KeyPress(KeyAscii As Integer)
    Dim i As Integer, j As Integer, k As Integer, t As String
    If KeyAscii = 13 Then
        n = n + 1
        ReDim Preserve a(n)     '动态存储数组 a 增加 1 个元素，前 n - 1 个元素值保持不变
        a(n) = Text1. Text
        Text2. Text = Text2. Text + Text1. Text + Chr(13) + Chr(10)
        Text1. Text = " "
        Text3. Text = " "
          ……          '填入选择法排序程序，将数组 a 按升序排列后分 n 行赋值到 Text 3
    End If
End Sub
```

第四节　教材习题解答

一、判断题

1. √　2. ×　3. √　4. ×　5. √　6. ×　7. ×　8. √　9. ×　10. √

二、选择题

1. A　2. A　3. D　4. C　5. C　6. D　7. A　8. B

三、填空题

1. If x > y Then t = x : x = y : y = z　　2. Is

3. For i = 0 To 9 : b(i) = InputBox("b(" & i & ") = "): Next i

4. ReDim a(n) As Single　　5. String　　6. 8

四、程序阅读题

程序 1. 55　11　　程序 2. 20　　程序 3. 2　4　7　11　16

程序 4. 1　4　9　16　25

程序 5.
```
   W
  WWW
 WWWWW
WWWWWWW
```

程序 6.
```
8 2 3 4 5
7 6 4 5 6
6 5 4 6 7
4 3 2 1 0
```

五、程序填空题

1. (1) s = 1　　(2) n　　(3) s = s + p

2. (1) Until r = 0　　(2) r = m Mod n　　(3) Print n

3. (1) ReDim a(n) As single　　(2) v = v + a(i)　　(3) v = v/n
   (4) a(i) > v

4. (1) m　　(2) n　　(3) Exit for
   (4) j< = n

5. (1) k = i　　(2) k = j　　(3) a(k) = t
   (4) a(i) Mod 2 = 1

6. (1) i + j - 1　　(2) 7 - i　　(3) Print

六、程序设计题

1. 程序代码如下:

```
Private Sub Form_Click( )
  Dim a As Single, b As Single, c As Single
  Dim x As Single, y As Single, z As Single
  a = Val(InputBox(" a =")): b = Val(InputBox(" b =")): c = Val(InputBox(" c ="))
  If a > b Then x = a Else x = b
  If x < c Then x = c
  If a < b Then z = a Else z = b
  If z > c Then z - c
  y = a + b + c - x - z
  Print x; y; z
End Sub
```

2. 程序代码如下:

用 IF 语句

```
Private Sub Command1_Click( )
  Dim y As Single, x As Single
  x = Val(InputBox(" x ="))
  If x > 3 Then
    y = x + 3
  ElseIf x > = 1 Then
    y = x * x
  ElseIf x > 0 Then
    y = Sqr(x)
  Else
    y = 0
  End If
  Print y
End Sub
```

用 Select 语句

```
Private Sub Command 2_Click( )
  Dim y As Single, x As Single
  x = Val(InputBox(" x ="))
  Select Case x
    Case Is > 3 : y = x + 3
    Case Is > = 1 : y = x * x
    Case Is > 0 : y = Sqr(x)
    Case Else : y = 0
  End Select
  Print y
End Sub
```

3. 程序代码如下:

```
Private Sub Form_Click( )
  Dim i As Byte, j As Byte
```

```
    For i = 1 To 9
      For j = 1 To i
        Print Trim(Str(i)); " * "; Trim(Str(j)); " ="; Trim(Str(i *  j));
        If i *  j < 10 Then Print Space(3); Else Print Space(2);
      Next j
      Print
    Next i
  End Sub
```

4. 程序代码如下：

```
  Private Sub Command1_Click( )
    Dim x As Double, s As Double, t As Double, i As Integer, n As Integer
    x = Val(InputBox(" x =")): n = Val(InputBox(" n ="))
    t = 1 : s = 2
    For i = 2 To n + 1
      t = t *  x / i : s = s + t
    Next i
    Print s
  End Sub
```

5. 程序代码如下：

```
  Private Sub Command1_Click( )
    Dim e As Single, t As Single
    Dim i As Integer
    e = 2 : t = 1: i = 2
    Do While t > = 0.0001
      t = t / i : i = i + 1: e = e + t
    Loop
    Print e
  End Sub
```

6. 程序代码如下：

```
  Private Sub Command1_Click( )
    Dim i As Long, k As Integer
    For i = 1 To 1000
      k = Len(Trim(Str(i)))
      If (i *  i - i) Mod 10 ^ k = 0 Then Print i; i *  i
    Next i
  End Sub
```

7. 程序代码如下：

```
  Private Sub Command1_Click( )
    Dim x(10) As Single, y(10) As Single, s As Single
    Dim i As Integer, j As Integer
    For i = 1 To 10
```

```
    x(i) = Val(InputBox(" x(" & i & ") ="))
    y(i) = Val(InputBox(" y(" & i & ") ="))
  Next i
  For i = 1 To 9
    For j = i + 1 To 10
       s = s + Sqr((x(i) - x(j)) ^ 2 + (y(i) - y(j)) ^ 2)
    Next j
  Next i
  Print s
End Sub
```

8. 程序代码如下：

```
Private Sub Form_Click( )
  Dim m As Integer, n As Integer, i As Integer, j As Integer
  m = Val(InputBox("请输入 a 数组元素个数: "))
  n = Val(InputBox("请输入 b 数组元素个数: "))
  ReDim a(m) As Integer, b(n) As Integer
  For i = 1 To m : a(i) = Val(InputBox(" a(" & i & ") =")): Next i
  For i = 1 To n : b(i) = Val(InputBox(" b(" & i & ") =")): Next i
  For i = 1 To m
    For j = 1 To n : If a(i) = b(j) Then Exit For : Next j
    If j > n Then Print a(i)
  Next i
  For i = 1 To n
    For j = 1 To m : If b(i) = a(j) Then Exit For : Next j
    If j > m Then Print b(i)
  Next i
End Sub
```

9. 程序代码如下：

```
Private Sub Form_Click( )
  Dim x(5, 5) As Integer, i As Integer, j As Integer
  For i = 1 To 5
    For j = 1 To 6 - i : x(i, j) = 7 - i - j : Next j
  Next i
  For i = 2 To 5
    For j = 7 - i To 5 : x(i, j) = i + j - 5 : Next j
  Next i
  For i = 1 To 5
    For j = 1 To 5 : Print x(i, j); : Next j
    Print
  Next i
End Sub
```

10．程序代码如下：

（1）显示呈直角三角形。

```
Private Sub Command1_Click( )
  Dim i As Byte, j As Byte, n As Byte
  Form1.Cls
  Do
    n = Val(InputBox(" n ="))
  Loop Until n > 0 And n < 11
  ReDim a(n + 1, n + 1)
  For i = 1 To n + 1 : a(i, 1) = 1 : a(i, i) = 1 : Next i
  For i = 3 To n + 1
    For j = 2 To n : a(i, j) = a(i - 1, j - 1) + a(i - 1, j): Next j
  Next i
  For i = 1 To n + 1
    For j = 1 To i : Print Tab((j - 1) * 4); Trim(Str(a(i, j))); : Next j
    Print
  Next i
End Sub
```

（2）显示呈等腰三角形。

```
Private Sub Command2_Click( )
  Dim i As Integer, j As Integer, n As Integer
  Form1.Cls
  Do
    n = Val(InputBox(" n ="))
  Loop Until n > 0 And n < 11
  ReDim a(n + 1, n + 1)
  For i = 1 To n + 1 : a(i, 1) = 1 : a(i, i) = 1 : Next i
  For i = 3 To n + 1
    For j = 2 To n : a(i, j) = a(i - 1, j - 1) + a(i - 1, j): Next j
  Next i
  For i = 1 To n + 1
    Print Space(2 * (n + 1 - i) + 1);
    For j = 1 To i
      Print Space(4 - Len(Trim(Str(a(i, j))))); Trim(a(i, j));
    Next j
    Print
  Next i
End Sub
```

第四章　过程与函数

第一节　学 习 指 导

一、本章主要任务

1. 掌握 Sub 过程、Function 函数过程的定义和调用方法
2. 掌握传地址和传值两种参数传递方式的区别及其用途
3. 熟悉数组参数的使用方法
4. 掌握多模块程序设计的方法,过程与变量作用域的概念及应用
5. 掌握变量的作用域和生存期

二、重点与难点

重点:
1. Sub 过程、Function 函数过程的定义和调用
2. 参数值传递、地址传递的使用规则
3. 过程、变量的作用域和生存期

难点:
1. 参数值传递、地址传递的使用规则
2. 多模块程序设计,过程、变量的作用域和生存期

三、要点概述与学习建议

1. 注意 Sub 过程与 Function 过程的区别

Sub 过程与 Function 过程的定义形式不同,在教材中有比较详细的叙述,其主要区别体现在以下几方面。

(1) Sub 过程无返回值,Function 过程有返回值。

(2) Sub 过程中没有对过程名赋值的语句,Function 过程中一定有对函数名赋值的语句。

(3) 调用 Sub 过程的是一个独立的语句,有两种方法:

Call 过程名(实参列表)

或:过程名　实参列表。

(4) 调用函数过程一般出现在表达式中,即为表达式的一部分,其功能是求得函数的返回值。

2. 参数传递

参数传递指主调过程的实参(调用时已有确定值和内存地址的参数)传递给被调过程的形参,参数的传递有两种方式:按值传递和按地址传递。形参前加"ByVal"关键字的是按值

传递,缺省或加“ByRef”关键字的为按地址传递。

教材中阐述比较清楚,为了帮助理解,下面通过一个例子来说明:

例:分别用“传值”、“传址”编写交换两变量 x、y 的子过程 Swap1 和 Swap2。在 Form_Click( )事件中分别调用 Swap1 和 Swap2 过程,并输出交换后的值。程序代码如下:

```
Public Sub Swap1(ByVal x As Integer, ByVal y As Integer)
    Dim t As Integer
    t = x:x = y:y = t
End Sub
Public Sub Swap2(x As Integer, y As Integer)
    Dim t As Integer
    t = x:x = y:y = t
End Sub
Private Sub Form_Click( )
    Dim a As Integer, b As Integer
    a = Val(InputBox("输入 A = ? "))
    b = Val(InputBox("输入 B = ? "))
    Print "交换前: ", " a = "; a, " b = "; b
    Swap1 a, b
    Print "交换后: ", " a = "; a, " b = "; b
End Sub
```

程序运行后,单击窗体,输入两个值,比如 10 和 20,输出结果如图 4-1 所示,若将单击事件中的 Swap1 a,b 改为 Swap2 a,b,其输出结果如图 4-2 所示。

Form1
交换前: a= 10 b= 20
交换后: a= 10 b= 20

图 4-1 调用 Swap1 的输出结果

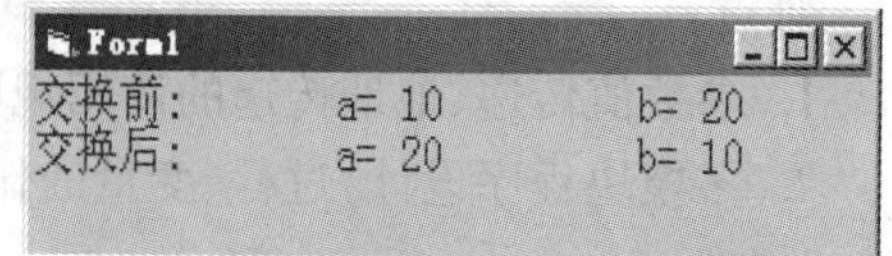

图 4-2 调用 Swap2 的输出结果

从输出结果可以看到,调用子过程 Swap1 没能交换变量的值,其原因是:过程 Swap1 采用传值形参,过程被调用时系统给形参分配临时内存单元 x 和 y,将实参 a 和 b 的值分别传递(赋值)给 x 和 y〔如图 4-3(b)〕,在过程 Swap1 中,变量 a、b 不可使用,变量 x、y 通过变量 t 实现交换〔如图 4-3(c)〕,调用结束返回主调过程后形参 x、y 的临时内存单元将释放,实参单元 a 和 b 仍保留原值〔如图 4-3(d)〕。

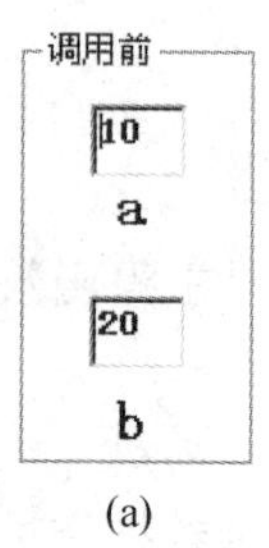

(a)

调用(虚实结合)
10 a 10 x
20 b 20 y

(b)

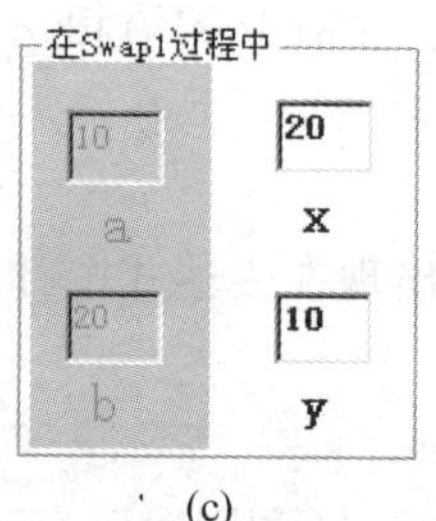

(c)

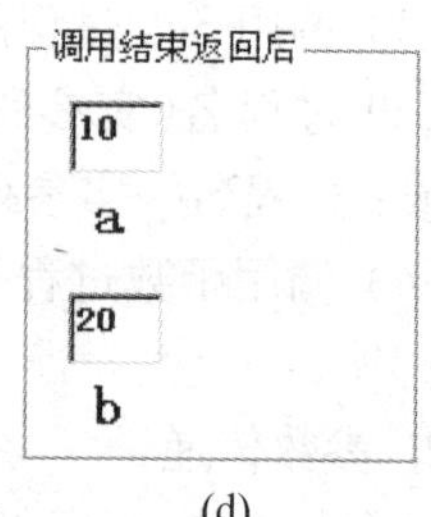

(d)

图 4-3 值传递的执行过程

子过程 Swap2 采用传地址形参,当调用子过程 Swap2 时,通过虚实结合,形参 x、y 获得实参 a、b 的地址,即 x 和 a 使用同一存储单元,y 和 b 使用同一存储单元〔见图 4-4(b)〕。因此,在被调子过程 Swap2 中 x、y 通过临时变量 t 实现交换后,实参 a 和 b 的值也同样被交换〔见图 4-4(c)〕,当调用结束运行返回后,实参 a、b 的值就是交换后的值。

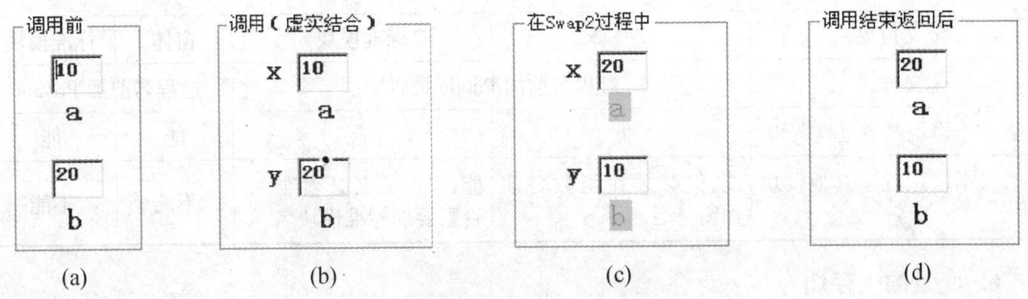

图 4-4　通过地址传递数据的执行过程

3. 数组参数的传递

在 Visual Basic 中定义过程时,允许参数是数组,但要注意以下几点:

(1) 在实参列表和形参列表中写数组名,忽略维数和长度的定义,但圆括号不能省。例如:

```
Private Sub Sort(a( ) As Single)
        ......
End Sub
```

(2) 调用时对应的实参必须也是数组,且类型一致。

(3) 实参和形参结合是按地址传递,即形参数组和实参数组共用一段内存单元。

例如:定义了实参数组 b(1 to 8),给它们赋了值,调用 Sort 过程的形式如下:

Sort b 或 Call Sort(b)

调用时形参数组 a 和实参数组 b 虚实结合,共用一段内存单元,如图 4-5 所示。

b(1)	b(2)	b(3)	b(4)	b(5)	b(6)	b(7)	b(8)
1	2	3	4	5	6	7	8
a(1)	a(2)	a(3)	a(4)	a(5)	a(6)	a(7)	a(8)

图 4-5　参数为数组时虚实结合示意图

因此在 Sort( )过程中改变数组 a 的各元素值,也就相当于改变了实参数组 b 中对应的元素的值。

4. 过程的作用域

过程可被访问的范围称为过程的作用域,它随所定义的位置和语句的不同而不同。按过程的作用范围来划分,过程可分为:模块级过程和全局级过程,其过程定义及调用规则见下表。

5. 变量的作用域

变量可被调用或访问的范围称为变量的作用域。在不同地方或用不同关键字定义的变量能被访问的范围是不同的。在过程中用 Dim 或 Static 定义的是局部量(过程级),在各模块的通用部分用关键字 Dim 或 Private 定义的是模块级变量、用 Public 定义的是全局变量，形参变量是局部变量。

过程定义及调用规则表

	全局级		窗体/模块级	
定义位置	窗体	标准模块	窗体	标准模块
定义方式	过程名前加 Public 或省略		过程名前加 Private	
能否被本模块其他过程调用	能	能	能	能
能否被本应用程序其他模块调用	能，但必须在函数名前加窗体名	能，但函数名必须唯一，否则要加标准模块名	不能	不能

6. 变量的生存期

除作用域之外，变量还有生存期，在这一期间变量能够保持它们的值。在应用程序退出之前一直保持模块级变量和全局变量的值。但是，对于 Dim 声明的局部变量仅当过程执行期间存在，当一个过程执行完毕，它的局部变量的值就已经不存在，而且变量所占据的内存也被释放。当下一次执行该过程时，它的所有局部变量将重新初始化。若将局部变量定义成静态的(用 Static 声明)，可保留变量的值。静态变量在过程结束后仍保留变量的值，即其占用的内存单元未释放。

第二节　实验指导

实例 1.　按下式计算，并在窗体上显示 x 分别为 1、3 时函数 f(x) 的值。

$f(x)=\dfrac{sh(1+sh(x))}{sh(2x)+sh(3x)}$ 其中计算双曲函数 sh 的公式为：$sh(t)=\dfrac{e^{t}-e^{-t}}{2}$

(1) 界面设计(略)。

(2) 过程设计。

在计算 f(x) 时，要多次调用双曲函数，但双曲函数并非 Visual Basic 的预定义函数。因此，自定义函数 sh 计算双曲函数。

```
Public Function sh(ByVal t As Single) As Single      '自定义函数过程 sh
    sh = (Exp(t) - Exp( - t)) / 2
End Function
Public Sub pnt(ByVal n As Single)                    '自定义 Sub 过程 pnt,计算显示 f(x)
    Dim result As Single
    result = sh(1 + sh(n)) / (sh(2 * n) + sh(3 * n))
    Print " f(" & n & ") = "; result)
End Sub
Private Sub Form_Click( )                            '窗体单击事件
    Call pnt (1)                                     '调用过程 pnt,计算 x=1 时的结果并输出
    pnt 3                                            '调用过程 pnt,计算 x=3 时的结果并输出
```

```
End Sub
```

（3）运行调试。运行时，鼠标单击窗体，显示如图4－6所示的结果。

图4－6　实例1的运行结果

讨论与思考

★ 函数过程 sh 是对双曲函数运算规则的描述：函数名为 sh，有一个 Single 类型的形参 t；该函数被调用时，形参变量 t 得到对应实参表达式的值（第1次被调用是1、第2次被调用是3），计算结果一定要赋值到 Single 类型的函数名 sh，并返回到调用处。

★ Sub 过程 pnt，其过程名不可以被赋值、不可声明其类型，调用 Sub 过程是一个完整的 Visual Basic 语句，没有返回值。

★ 一般将计算并返回一个值的过程定义为函数过程，否则定义为 Sub 过程。

★ 用 ByVal 修饰的形参是按值传递的变量，调用时创建形参并将实参表达式的值复制给形参。按值传递方式为单向传递，无论怎样改变形参，也不可能改变对应实参变量的值。按值传递方式，可以保证被调用过程中的错误不会"向上蔓延"。

实例2.　编程，单击命令按钮后输入一个十进制整数，用两个标签控件分别显示其所对应的8进制和16进制数（要求根据10进制数写出8、16进制形式字符串的运算编为过程并存入模块文件 aaa. bas）。

（1）界面设计（如图4－7所示）。

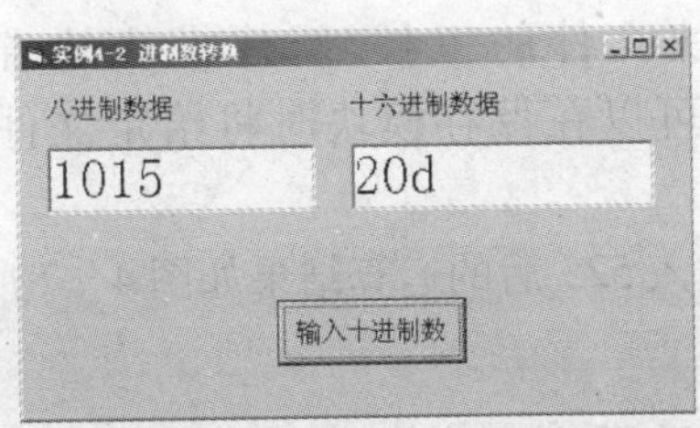

图4－7　实例2运行时输入525后的显示结果

（2）过程设计。

① 添加模块、编制过程。在"工程"菜单下选择"添加模块"选项，在随后出现的"添加模块"对话框中选择"新建"，再按"打开"按钮，进入新建模块的代码窗口。

在一个模块文件中可以编写若干个过程：为本工程中其他模块、窗体所调用的过程，必须用 Public 声明；为本模块中其他过程所调用的过程，可以用 Private 声明。

在此，模块文件中含一个 Sub 过程，代码如下：

```
Public Sub dtox(ByVal n As Integer, ByRef s8 As String, ByRef s16 As String)
    Dim m As Integer, k As Integer
```

```
        m = Abs(n)
        Do While m < > 0
          s8 = Trim(Str(m Mod 8)) + s8                '后得到的余数是高位,因此要前置
          m = m \ 8
        Loop
        m = Abs(n)
        Do While m < > 0
          k = m Mod 16
          If k < 10 Then
            s16 = Trim(Str(k)) + s16
          Else
            s16 = Chr(Asc(" a ") + k - 10) + s16
        End If
        m = m \ 16
        Loop
        If n<0 Then s8 = "- "+s8 : s16 = "- "+s16    形参若为负数,字符串必须前置"-"
    End Sub
```

② 过程 Form1. Command1_Click 代码如下：

```
    Private Sub Command1_Click( )
        Dim x As Integer, x8 As String, x16 As String
        x = InputBox("请输入一个十进制整数: ")
        Call dtox(x, x8, x16)
        Label1. Caption = x8
        Label2. Caption = x16
    End Sub
```

③ 保存工程。包含模块文件的工程,新建模块缺省的文件名为 Module1. bas、Module2. bas. . . 按题义要求,可以在保存模块时将给定文件夹下模块文件的名称改为 aaa. bas。

(3) 运行调试。运行时输入 525 后的运算结果如图 4－7 所示。

讨论与思考

★ 如果将模块文件中的过程 dtox 改用 Private 修饰,它还能否被 Form1. Command1_Click 过程调用?

★ 过程 dtox 要向调用处回送两个值(双向传递),若写作 Function 过程,通过过程名只能返回其中一个,另一个则要作为按地址传递的参数,有失平衡。在此,考虑写作 Sub 过程,用按地址传送的形参返回这两个字符串。对按地址传递的形参变量,可以理解为它与对应的实参变量是"同一变量"。

★ 如果将过程 dtox 中的形参 s8 和 s16 声明为按值传递,运行结果会如何?

★ 过程中,能否声明形参变量 s8 和 s16 为数值类型变量?

实例 3. 编写一个 Sub 过程,将一个一维数组中的所有元素逆转。逆转是指将数组中的第一个元素和最后一个元素进行交换,第二个元素和倒数第二个元素进行交换,依次类

推,直到数组的中间一个(或者一对)元素为止。

例如:原数组各元素为:8、2、7、1、4、5、3、6,逆转后为:6、3、5、4、1、7、2、8。

(1) 界面设计(略)。

(2) 过程设计。该程序的基本步骤包括:为数组各元素赋值;显示数组逆转前的数据;实现逆转;输出逆转后数组各元素值。考虑编写三个 Sub 过程分别实现相关的功能,具体代码如下:

```
Private Sub Form_Click( )
  Dim a(10) As Integer
  Call GetArray(a, 10)
  Print "逆转前数组: "
  ArrayPnt a, 10                                   '显示原始数组内容
  Call nizhuan(a, 10)                              '调用逆转过程
  Print "逆转后数组: "
  ArrayPnt a, 10                                   '该语句等价于"Call ArrayPnt(a, 10)"
End Sub
Public Sub GetArray(a( ) As Integer, ByVal m As Integer)         '为数组赋初值
    Dim i As Integer
    Randomize
    For i = 1 To m
      a(i) = Int(Rnd * 90) + 10                    '产生 10~99 的随机整数
    Next i
End Sub
Public Sub swap(a As Integer, b As Integer)        '自定义数据交换过程
  Dim t As Integer
  t = a:a = b:b = t
End Sub
Public Sub nizhuan(a( ) As Integer, m As Integer)  '自定义逆转过程
  Dim i As Integer
  For i = 1 To m \ 2                               '依次交换数据
    swap a(i), a(m - i + 1)                        '自定义过程中调用其他自定义过程
  Next i
End Sub
Public Sub ArrayPnt(a( ) As Integer, m As Integer) '自定义显示数组各元素过程
  Dim i As Integer
  For i = 1 To m
    Print a(i);
  Next i
  Print                                            '换行
End Sub
```

(3) 运行调试。运行时,鼠标单击窗体,显示如图 4-8 所示的结果。

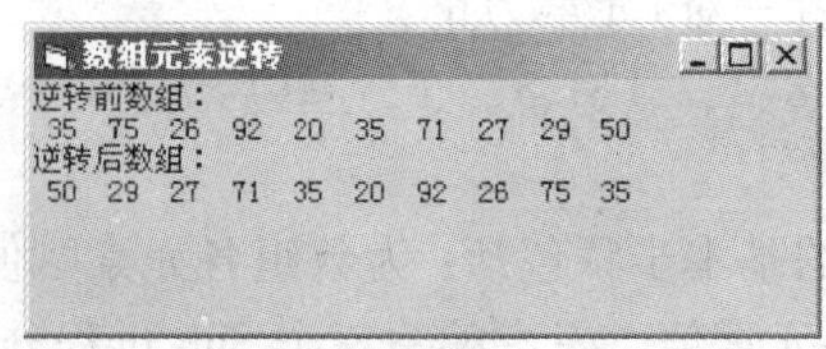

图 4-8　实例 3 运行后显示结果

讨论与思考

★ 程序往往要多次运行、调试并修改，每次都要为数组输入数据影响了工作效率，因此常用随机函数为数组赋值。

★ 在自定义过程中再调用其他自定义过程，是一种嵌套的调用方式，根据实际需要，可以将功能相对独立的代码组织成自定义过程，使得程序结构更加清晰。

★ 二维数组作为形参和实参时，根据 Visual Basic 的语法规则，在语言表达上有何区别？

★ 如果将 Swap 过程中的参数的修饰形式改为 ByVal，输出结果如何？

实例 4.　多窗体程序设计，单击主窗体中的任意一个运算命令按钮，显示“计算”窗体。单击该窗体中“出题”命令按钮则随机产生计算数，最后根据输入数据判断结果的正确性。

（1）界面设计。如图 4-9 和图 4-10 所示。

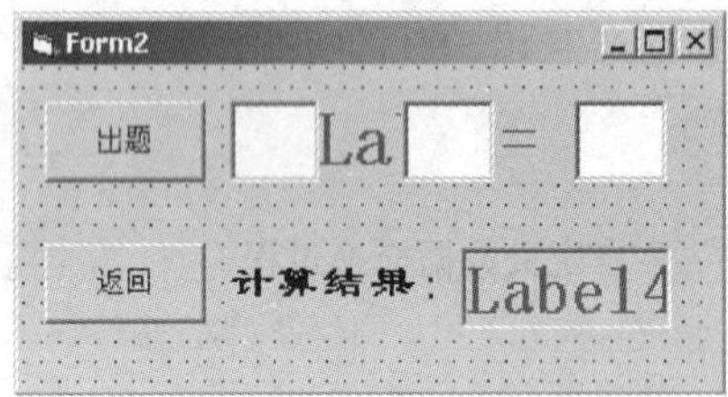

图 4-9　实例 4 窗体 2 的设计界面

图 4-10　实例 4 运行后主窗体显示结果

（2）过程设计。

① 窗体 1 的代码如下：

```
Public flag As Integer
Private Sub Command1_Click( )
    Form2. Caption = Command1. Caption    '设置 Form2 的标题为当前按钮上的字符
    Form2. Label2. Caption = "+ "         '设置窗体 2 的运算符标签为“+”
    flag = 0                              '设置 0 表示加法运算
    Form2. Show                           '显示窗体 2
    Form1. Hide                           '隐藏窗体 1
End Sub
Private Sub Command2_Click( )
    Form2. Caption = Command2. Caption    '设置 form2 的标题为当前按钮上的字符
    Form2. Label2. Caption = "- "         '设置窗体 2 的运算符标签为“-”
      flag = 1                            '设置 1 表示减法运算
    Form2. Show                           '显示窗体 2
```

```
    Form1. Hide                              '隐藏窗体 1
End Sub
Private Sub Command3_Click( )
    End
End Sub
```

② 窗体 2 的代码如下:

```
Private Sub Command1_Click( )
    Dim a As Integer, b As Integer, c As Integer
    Text1. Text = " ": Text2. Text = " "
    Text3. Text = " ": Label4. Caption = " "
    Randomize                                ' 对随机数生成器做初始化的动作
    a = Int((99 *  Rnd) + 1)                 ' 生成 1 到 99 之间的随机数值作为运算数
    b = Int((99 *  Rnd) + 1)
    '如果是减法,并且被减数小于减数,则将被减数和减数交换,保证被减数大于减数
    If Form1. flag = 1 And a < b Then c = a:a = b:b = c
    Text1. Text = LTrim(Str(a)): Text2. Text = LTrim(Str(b))
    Text3. SetFocus
End Sub
Private Sub Command2_Click( )
    Unload Form2
End Sub
Private Sub Form_Load( )
    Text1. Text = " ": Text2. Text = " "
    Text3. Text = " ": Label4. Caption = " "
End Sub
Private Sub Form_Unload(Cancel As Integer)
    Form1. Show
End Sub
Private Sub Text3_KeyPress(KeyAscii As Integer)
    Dim c As Integer
    If KeyAscii = 13 Then                    '如果是回车键,则回答结束,判断是否计算正确
        Select Case Form1. flag
            Case 0 : c = Val(Text1. Text) + Val(Text2. Text)    '计算加法结果
            Case 1 : c = Val(Text1. Text) - Val(Text2. Text)    '计算减法结果
        End Select
        If (c = Val(Text3. Text)) Then       '判断输入结果的正确性并给出结论
            Label4. Caption = "对! "
        Else
            Label4. Caption = "错! "
        End If
    End If
End Sub
```

(3) 调试运行。运行时单击各个运算按钮,分别显示如图 4-11 和图 4-12 所示的界面,单击“出题”按钮,系统自动产生运算数,用户输入答案并按回车键后,给出对与错的判断结果。单击“返回”按钮,返回主界面。

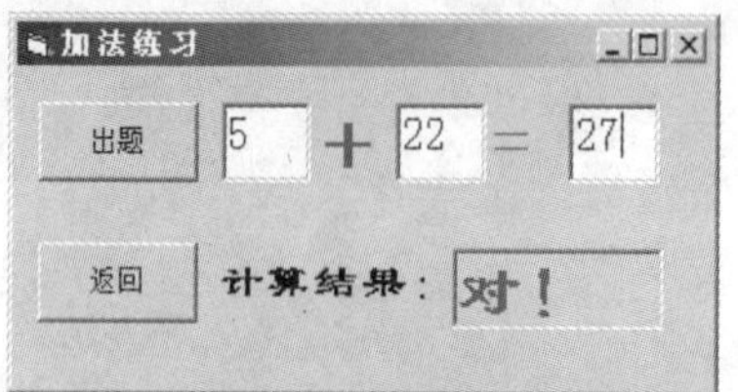

图 4-11 实例 4 单击加法练习后运行显示结果

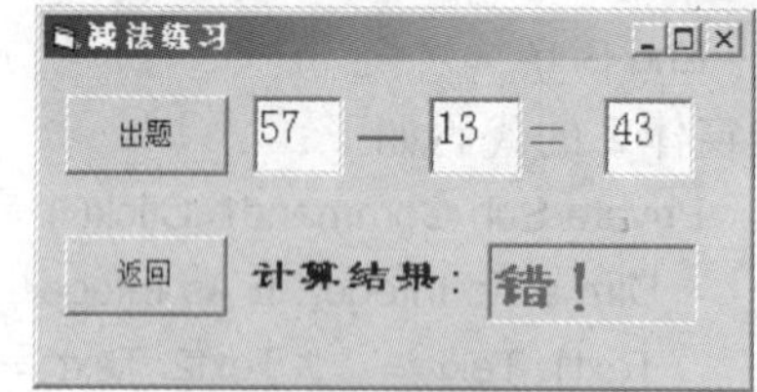

图 4-12 实例 4 单击减法练习后运行显示结果

讨论与思考

★ Flag 是定义在窗体 1 中的以 Public 修饰的全局变量,是否可以用 Private 修饰?

★ 主窗体的 Command1_Click 事件中语句 Form2. Label2. Caption = "+"是否可以改写成 Label2. Caption = "+",为什么?

★ 如果要增加乘法、除法练习程序,该如何实现?

第三节 实验内容

实验 1. 已知 $f(x)=g(x)+h(x^2)\times g(x+2)$,其中 $h(t)=\frac{e^t+e^{-t}}{2}$,$g(x)=\sin(x)+\cos(x)$

在窗体上输出当 x 取值为 0.5、2 时,f(x)对应的函数值。

提示

★ 使用文本框、命令按钮等控件,分别用自定义 g(t)、h(t)、f(x)三个函数来实现计算,在窗体上输出计算结果。

★ 函数间的参数传递均可以采用传值方式。

实验 2. 求 m 和 n 的最大公约数和最小公倍数(要求将此运算编写为 Sub 过程),m 和 n 由用户通过文本框输入。

提示

★ 过程定义具体形式如下:

Sub GetMaxMin(ByVal m As Integer, ByVal n As Integer, ByRef max As Integer, ByRef min As Integer),由 m、n 传入数据,max、min 传回最大公约数和最小公倍数。

★ 求最大公约数 k,根据定义 k 应该是大于等于 1,小于等于 m 和 n 中的最小数,因此可以从两者中的最小数开始依次递减,第一个能够整除的数即为最大公约数,最小公倍数等于m * n/k。

实验 3. 统计在一个文本框内各英文字母出现的次数(不区分大小写),并按英文字母的先后顺序输出各个字符与对应的出现次数,要求将统计各字母出现次数的程序编写为过程。

提示

★ 自定义统计过程 CharCount,各形参定义如下,其中: Str1 为被统计文本,数组 a 存放各个字符出现次数。

Sub CharCount(Str1 as string,a( ) as integer)

★ 定义数组时,可以使用字符的 ASCII 码作为数组下标,简化处理过程。

实验 4. 数组 a 中存放 m 个随机产生的不大于 n 的正整数,编写过程删除数组中相同的元素,并显示删除前和删除后的数组中的所有内容以及被删除的数据个数。

提示

★ 可以考虑自定义以下 3 个过程,并将它们存入模块文件中。

Sub GetArray(a( ) as Integer, ByVal m as Integer, ByVal n as Integer): m 表示产生随机数的个数,n 为随机数的上限,所产生的随机数送入数组 a。

Sub DelSame(a( ) as Integer,ByVal m as Integer): m 表示 a 数组中数据的个数(也是数组下标的最大值)。

Sub PntArray(a( ) as Integer,ByVal m as Integer)

★ 在处理过程中可以将值相同的元素赋以特殊值(在取值范围以外,本例中可取 -1),作为删除标记。在输出结果时,不输出值等于 -1 的单元内容即可。n 的取值不宜太大,否则可能没有重复数据,当 n < m 的时候应该就有重复数据了。

实验 5. 在标准模块中编写一个函数,用于判断一个三位数是否是水仙花数;在窗体中调用函数,判断输入的三位数是否是水仙花数。所谓水仙花数指三位数的个位、十位和百位数字的立方和等于该三位数。

提示

★ 自定义判断函数过程 ArmstrongNumber,定义形式如下,其中: n 为三位整数,函数返回值为逻辑型数据(Boolean 类型)。

Function ArmstrongNumber(n as Integer) As Boolean

实验 6. 编写一函数过程,用迭代法求$\sqrt[3]{a}$,求立方根的迭代公式为: $x_1 = \frac{2}{3}x_0 + \frac{a}{3x_0^2}$。

提示

★ 迭代法在数学上也称“递推法”,凡是由一给定的初值,通过某一算法(公式)可求得新值,再由新值按照同样的算法又可求得另一个新值,经过有限次即可求得其解。

★ 自定义求立方根函数过程 Cuberoot,定义形式如下,其中: a 为函数输入值,eps 为函数的精度,函数返回值为双精度实数。

Function Cuberoot(a As Double, eps As Double) As Double

★ 编程分析: 设立方根$\sqrt[3]{a}$的解为 x,可假定一初值 $x_0 = a/2$(估计值),根据迭代公式得到一个新的值 x1,这个新值 x1 比初值 x0 更接近要求的值 x;再以新值作为初值,即: x1→x0,重新按原来的方法求 x1,重复这一过程直到 $|x1 - x0| < eps$(某一给定的精度)。此时可将 x1 作为问题的解。

第四节　教材习题解答

一、判断题

1. ×　2. √　3. ×　4. ×　5. √　6. ×　7. ×　8. √　9. √　10. √

二、填空题

1. 按地址传递　　2. b() As Long　　3. 6

4. 按值传递　　5. 按地址传递　　6. Public x As Single

7. Static x As Integer　　8. Form2. y

9. Private Function f9(a() As Single, n As Integer) As Single

10. Private Sub f10(a() As Single, n As Integer)

11. Private Sub f10(a() As Single, m As Integer, n As Integer,max as Single,min As Single)

12. c = Form1. f12(a,b)

三、程序阅读题(写出下列程序的运行结果)

程序 1. s = 2
s = 5
s = 9

程序 2. 按 Commandl 后分四行显示
1 1 1 1
按 Command2 后分四行显示
1 2 3 4

程序 3. 0 101
0 110
0 1011
0 10001

如果程序 3 中改"ByRef n As Integer"为"Byval n As Integer",单击 Commandl 后的显示结果中,第 1 列为 5、6、11、17。

程序 4. 0
3
2
3

程序 5. 1
1 1
1 2 1
1 3 3 1
1 4 6 4 1

四、程序填空题

1. (1) ByVal　(2) n Mod k = 0　(3) n = n \ k　(4) Call pp(i)
2. (1) As String　(2) n < >0　(3) f16 = Chr (Asc("a") + k) + f16
   (4) n = n \ 16
3. (1) a( ) As Double, n As Integer　(2) t = t * x　(3) f = s
4. (1) a( ) As Double, n As Integer　(2) n - 1　(3) a(j) < a(k)

五、程序设计题

1. 程序代码如下:

```
Private Function f1(a As Single, b As Single, c As Single) As Single
  If a > b Then f1 = a Else f1 = b
  If c > f1 Then f1 = c
End Function
Private Sub Command1_Click( )                         '测试函数 f1 是否正确
  Dim x As Single, y As Single, z As Single
  x = Val(InputBox(" x = ")): y = Val(InputBox(" y = ")): z = Val(InputBox(" z = "))
  Print f1(x, y, z)
  Print f1(25, x + 6, y)
End Sub
```

2. 程序代码如下：

```
Private Function f2(x( ) As Double, n As Integer) As Double
  Dim i As Integer
  For i = 1 To n : f2 = f2 + x(i): Next i
  f2 = f2 / n
End Function
Private Sub Command1_Click( )                         '测试函数 f2 是否正确
  Dim a(4) As Double
  a(1) = 1 : a(2) = 2 : a(3) = 3 : a(4) = 4
  Print f2(a, 4)
End Sub
```

3. 程序代码如下：

```
Private Sub f3(a( ) As Single, n As Integer)
  Dim i As Integer, t As Single
  For i = 1 To n / 2
    t = a(i): a(i) = a(n - i + 1): a(n - i + 1) = t
  Next i
End Sub
Private Sub Command1_Click( )                         '测试 Sub 过程 f3 是否正确
  Dim x(5) As Single, i As Integer
  x(1) = 5 : x(2) = 7 : x(3) = 3 : x(4) = 2 : x(5) = 6
  For i = 1 To 5 : Print x(i);: Next i
  Print
  Call f3(x, 5)
  For i = 1 To 5 : Print x(i);: Next i
End Sub
```

4. 程序代码如下：

```
Private Sub f4(x( ) As Single, m As Byte, n As Byte, ki As Byte, kj As Byte)
  Dim i As Byte, j As Byte
  ki = 1 : kj = 1
  For i = 1 To m
    For j = 1 To n
```

```
        If Abs(x(i, j)) > Abs(x(ki, kj)) Then ki = i : kj = j
      Next j
    Next i
End Sub
Private Sub Command1_Click( )                    '测试 Sub 过程 f4 是否正确
    Dim a(3, 3) As Single, aa As Byte, bb As Byte
    a(1, 1) = - 2 : a(1, 2) = 3 : a(1, 3) = 1
    a(2, 1) = 2 : a(2, 2) = - 7 : a(2, 3) = 5
    a(3, 1) = 3 : a(3, 2) = - 3 : a(3, 3) = 0
    Call f4(a, 3, 3, aa, bb)
    Print a(aa, bb); "(" & aa & "," & bb & ")"
End Sub
```

5. 程序代码如下：

```
Private Sub Command1_Click( )                    '测试模块文件中各函数过程是否正确
    Dim x(5) As Single
    x(1) = 1 : x(2) = 2 : x(3) = 3 : x(4) = 4 : x(5) = 5
    Print g1(x, 5)
    Print g2(x, 5)
End Sub
'在添加的模块中，定义函数过程 g1、g2
Public Function g1(a( ) As Single, n As Integer) As Single
    Dim i As Integer
    For i = 1 To n : g1 = g1 + a(i): Next i
    g1 = g1 / n
End Function
Public Function g2(a( ) As Single, n As Integer) As Single
    Dim i As Integer, v As Single
    v = g1(a, n)
    For i = 1 To n : g2 = g2 + (a(i) - v) ^ 2 : Next i
    g2 = Sqr(g2) / n
End Function
```

第五章　常 用 控 件

第一节　学 习 指 导

一、本章主要任务

1. 掌握命令按钮(CommandButton)、标签(Label)、文本框(TextBox)、单选钮(OptionButton)、复选框(CheckBox)、框架(Frame)、列表框(ListBox)、组合框(Combo)、滚动条(HScrollBar、VScrollBar)、定时器(Timer)等10个常用控件的常用属性、方法和事件的使用

2. 掌握控件数组的建立方法和运用

3. 进一步理解Visual Basic面向对象的程序设计方法

4. 掌握程序调试中一些错误(包括语法错误、实时错误、逻辑错误)的分析和处理

二、重点与难点

重点:

常用控件的用途及重要属性、事件和方法的使用

难点:

1. 控件数组在程序设计中的应用

2. 列表框(ListBox)、组合框(Combo)的应用

三、要点概述与学习建议

通过前面几章的学习,读者已经对可视化的面向对象程序设计方法有了较多的认识。对象是Visual Basic程序设计的核心,对象具有属性、方法和事件,不同的对象具有不同的用途,用户根据需要选择相关对象创建应用程序。除了前面介绍过的窗体对象外,Visual Basic还提供了一些其他的控件对象。读者学习本章应从控件的用途、属性、方法和事件4个方面去掌握控件的使用,教材中有较多的实例,建议读者阅读时认真思考要实现同样的功能,程序界面是否可以设计得更好？是否可以使用其他控件？程序代码应该编写在什么事件中最适合？各事件响应是否有先后顺序？

现将常用控件主要用途简述如下:

命令按钮控件常用于实现程序的交互控制,当用户单击命令按钮后完成特定的操作。它的标题一般说明其功能,而实现其功能需要为相应事件过程编写代码,命令按钮的常用事件过程为Click。

标签控件常用于为其他没有Caption属性的控件(如文本框、列表框)做说明,也可以在运行时显示运行结果或提示信息(将结果或提示信息赋值给Caption属性)。

文本框控件是程序与用户进行交互的控件。用户既可以在文本框内用键盘输入数据，也可以把文本框作为输出控件(InputBox 函数与其不同的是，对话框窗口在输入结束后即时关闭)。文本框与标签控件区别是：前者在运行时可以编辑文本框的内容，后者不能获得焦点，不能直接编辑标签的内容；它们的共同点是都可以作为输出控件。

单选钮和复选框提供了两种选择的方式：同处在一个容器中的多个单选钮只能选择其中的一个；而多个复选框可以提供多个二选一。

框架是一个容器控件，建立框架控件除了可以实现单选钮的分组功能外，在界面设计时，常常将一些功能相近的控件置于同一个框架控件中，使得界面更加清晰。

列表框和组合框也是提供选择的控件。如果有较多的选项又不想占用较大的界面空间时，运用这两个控件最为合适。列表框控件可以支持复选，同时选择多个选项；组合框控件组合了文本框和列表框的性能，可以直接输入选项内容，也可以在列表中进行选择，但不能多选。

滚动条控件提供了更直观、更方便的利用鼠标操作向应用程序输入数据的手段，通过设置 Min 和 Max 属性，还可以将输入的数据限制在一定的范围内。通常是通过编写滚动条控件的 Change 事件过程和 Scroll 事件过程实现滚动条的操作。

定时器(时钟控件)用来控制程序中有规律的、自动执行一过程要利用定时器控件实现，如动画程序。定时器的唯一事件是 Timer 事件，每间隔 Interval/1000 秒自动调用执行一次。

在设计应用程序时，如果在同一界面上需要用到多个性质相同、用途相似的控件时，建立控件数组是较好的选择。使用控件数组能使编程更简洁、更易维护。

建议读者从控件的用途理解掌握其主要的属性、方法和事件的使用；通过上机调试理解书中例题；总结归纳完成表 5-1 中的各项内容(将相应控件最常用的属性、事件、方法填入表中)。

表 5-1　常用对象的常用属性、事件和方法

对象名称	常用属性	常用事件	方法
窗体	Name, Height, Width, Left, Top, Visible, Enabled, Font(基本属性，以下大多数对象都有，无需填写) Caption, AutoRedraw, MaxButton, MinButton, Picture, Backcolor, ForeColor, WindowState	Click Load Dbclick Unload Activate	Cls Show Hide Move
命令按钮			
标签			
文本框			
单选钮	Caption, Value, Alignment,	Click	SetFocus
复选框			
框架			
列表框			
组合框			
滚动条			
定时器	Enabled, Interval, Index	Timer	无

第二节 实验指导

实例1. 简易键盘打字练习程序。

设计一个打字练习程序,界面如图5-1所示。要求:程序运行后,单击"开始"按钮,即在上方标签中产生一行练习文字,用户可在下方文本框中输入文字,在文本框下面用一个标签来标记输入的正确情况,单击"结束"按钮后,显示统计信息并结束程序。

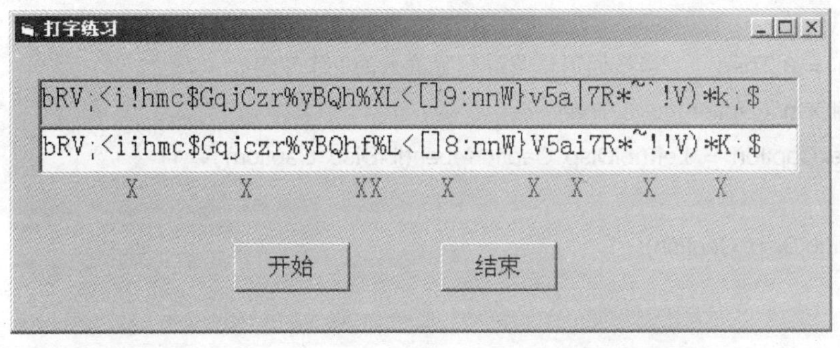

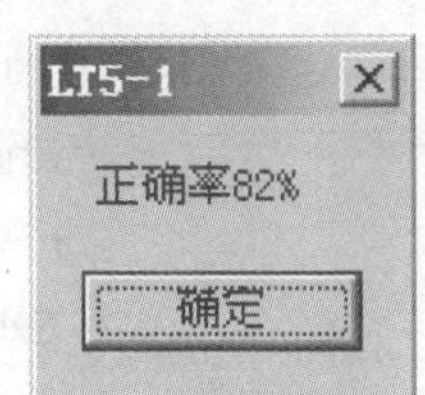

图5-1 打字练习的界面设计

在属性窗口中,按表5-2所示设置各对象的属性。

表5-2 实例1各对象的主要属性设置

对　　象	属性(属性值)	属性(属性值)	属性(属性值)
窗　体	Name(Form1)	Caption("打字练习 ")	
标签1	Name(lblExample)	Caption(" ")	BorderStyle(1)
标签2	Name(lblDisp)	Caption(" ")	BorderStyle(1)
文本框	Name(txtInput)	Text(" ")	
命令按钮1	Name(cmdStart)	Caption("开始 ")	TabIndex(0)
命令按钮2	Name(cmdEnd)	Caption("结束 ")	

程序代码如下:

```
'定义窗体变量n表示输入文字的个数, right表示正确文字的个数
Dim n As Integer, right As Integer
Private Sub cmdStart_Click( )            '"开始"按钮的单击事件过程
    Dim i As Integer
    lblExample. Caption = " "
    lblDisp. Caption = " "
    For i = 1 To 50
      lblExample. Caption = lblExample. Caption & Chr(Rnd * 94 + 32)
    Next i
```

```
        txtInput. MaxLength = 50          '限定文本框输入文字的个数
        txtInput. Text = " "
        txtInput. SetFocus
        n = 0
        right = 0
    End Sub
    '输入文本框的 KeyPress 事件过程
    Private Sub txtInput_KeyPress(KeyAscii As Integer)
        n = n + 1
        If KeyAscii = 8 Then      '当按回退修改键删除输入的一个字符
          If Len(lblDisp. Caption) > 0 Then
            lblDisp. Caption = Left(lblDisp. Caption, Len(lblDisp. Caption) - 1)
          End If
          n = Len(lblDisp. Caption)
          Exit Sub
        End If
        If Mid(lblExample, n, 1) = Chr(KeyAscii) Then      '统计正确文字的个数
          right = right + 1
          lblDisp. Caption = lblDisp. Caption & " "
        Else
          lblDisp. Caption = lblDisp. Caption & " X "      ' 标志对应字符输入错误
        End If
    End Sub
    Private Sub cmdEnd_Click( )                          ' "结束"按钮的单击事件过程
        MsgBox "正确率 " & right/n*  100 & "% "          '显示统计信息
        End
    End Sub
```

讨论与思考

★ 如果要求在输入完毕后，按回车键即可显示统计信息，并在用户响应后开始新一行的打字练习，应该如何修改程序？

★ 标签 2(lblDisp)是用来标记对应字符输入出错，程序中是如何实现标记位置与输入错误位置的对应的？程序中 If KeyAscii = 8 Then 语句的功能是什么？

★ 如果要计算打字速度，即每分钟打的字符个数，应该如何编写程序？

实例 2. 猜数游戏。

设计一个猜数游戏，用户可以对计算机产生的 1～100 之间的随机整数进行猜测并填入文本框，然后根据计算机给出的提示再次猜测，直至猜中为止或猜 10 次不中结束。

(1) 界面设计。界面设计如图 5－2 所示，按"开始"按钮后自动生成一个数，然后输入猜数、以按回车键表示该数的输入结束等，各控件的主要属性设置如表 5－3 所示。

图 5-2 实例 2 的程序界面设计

表 5-3 实例 2 各控件的主要属性设置

控　　件	属性(属性值)	属性(属性值)	属性(属性值)	属性(属性值)
窗　体	Caption("猜数游戏")	BorderStyle(1)	Fontsize(14)	
标签 1	Name(Label1)	Caption("输入猜数")		
标签 2	Name(Label2)	AutoSize(True)	Caption("Label2")	Visible(False)
文本框	Name(Text1)	MaxLength(3)	Text("")	Enabled(False)
命令按钮	Name(Command1)	Caption("开始")		

(2) 过程设计。

```
Dim guess As Byte, times As Byte
Private Sub Command1_Click( )
    Randomize
    guess = Int(Rnd * 100) + 1                 '产生 1~100 间的随机整数
    times = 0 : Text1. Enabled = True
    Text1 = ""
    Command1. Enabled = False
    Label2. Caption = ""
End Sub
Private Sub Text1_KeyPress(KeyAscii As Integer)
  '文本框只接受数字键、回车键和退格键
  If (Chr(KeyAscii) < "0" Or Chr(KeyAscii) > "9") And KeyAscii <> 13 _
      And KeyAscii <> 8 Then KeyAscii = 0
  If KeyAscii <> 13 Then Exit Sub        '如果不是回车键,退出该过程(继续输入)
  times = times + 1                      '猜数次数统计
  If Val(Text1) = guess Then             '如果此次猜数正确,给出评语后退出该过程
      MsgBox "正确"
      If times < 4 Then
        Label2 = "你好厉害噢! 再来一次试试看?"
      Else
        Label2 = "算你运气好! 要不要再来一次?"
```

```
        End If
        Command1. Enabled = True                    '"开始"按钮可用
        Text1. Enabled = False                      '文本框控件 Text1 不可用
        Exit Sub
    End If
    If Val(Text1) > guess Then MsgBox "太大 "       '如果此次猜数不正确,给出提示
    If Val(Text1) < guess Then MsgBox "太小 "
    Text1. SelStart = 0                             '设置突出显示的文本之起始位置
    Text1. SelLength = Len(Text1. Text)             '设置突出显示的字符数
    Text1. SetFocus                                 '使 Text1 获得输入焦点
    If times = 10 And Val(Text1) < > guess Then     '限制最多猜 10 次
        Command1. Enabled = True
        Text1. Enabled = False
        Label2 = "运气不好! 还敢不敢再猜? "
    End If
End Sub
```

(3) 运行调试。运行时,单击"开始"后计算机会自动随机产生一个 1 ~ 100 间的正整数,用户在文本框中输入猜数并按回车键确认,计算机会给出"太大"或"太小"的提示,用户可以根据提示继续猜测直到"正确"为止。猜对一个数后或 10 次还没猜中可以重新开始游戏。

讨论与思考

★ 如果 Text1_KeyPress 事件过程中也声明变量 guess、times,结果会如何? 请解释原因。

★ 如果将 Text1_KeyPress 事件过程中的形参 KeyAscii 重新命名(如 K),即将所有的 KeyAscii 都改为 K,对程序的正确性有没有影响?

★ 文本框控件不接受某些字符的输入是如何实现的?

实例 3. 点餐程序。

设计一个点餐程序,用户在选择了食物和份数后,单击结账按钮后,将在列表框中列出食物清单和价钱。

(1) 界面设计。在窗体上建立一个框架,在框架内建立一个复选框控件数组、一个文本框控件数组和一个标签控件数组。另外,在窗体的右边建立一个列表框和两个命令按钮。界面设计如图 5 - 3 所示,各控件的主要属性设置如表 5 - 4 所示。

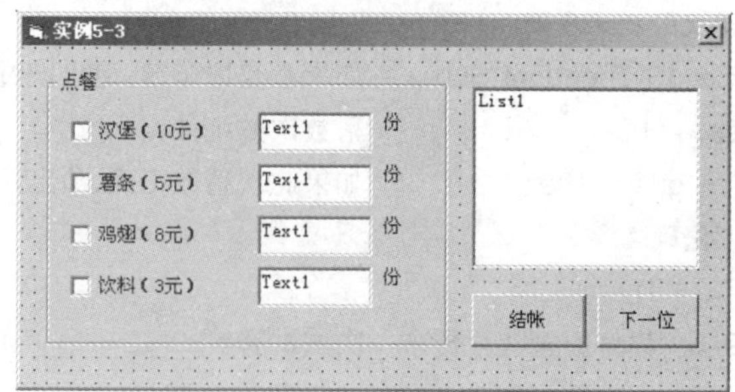

图 5 - 3 实例 3 的程序界面设计

表 5-4 实例 3 各控件的主要属性设置

控件	属性(属性值)	属性(属性值)
窗体	Caption("实例 3 ")	BorderStyle(1)
框架	Name(Frame1)	Caption("点餐 ")
复选框控件数组 1	Name(Check1(0))	Caption("汉堡(10 元) ")
	Name(Check1(1))	Caption("薯条(5 元) ")
	Name(Check1(2))	Caption("鸡翅(8 元) ")
	Name(Check1(3))	Caption("饮料(3 元) ")
文本框控件数组 1	Name(Text1(0) ~ Text1(3))	Enabled(False)
标签控件数组 1	Name(Label1(0) ~ Label1(3))	Caption("份 ")
列表框	Name(List1)	
命令按钮 1	Name(Command1)	Caption("结账 ")
命令按钮 2	Name(Command2)	Caption("下一位 ")

(2) 过程设计。

```
Private Sub Form_Load( )                    '在窗体装入前初始化控件数组各有关属性
  Dim i As Integer
  For i = 0 To 3
    Text1(i). Text = " "
    Text1(i). Enabled = False
    Check1(i). Value = 0
  Next i
  List1. Clear
End Sub
Private Sub Check1_Click(Index As Integer)
  If Check1(Index). Value = 1 Then          '对选中的食物做好输入份数的准备
    Text1(Index). Enabled = True
    Text1(Index). SetFocus
  Else
    Text1(Index). Enabled = False
  End If
End Sub
Private Sub Command1_Click( )               '结账
  Dim m As Integer, mc(4) As String, DJ(4) As Single, i As Byte
  mc(0) = "汉堡 ": mc(1) = "薯条 ": mc(2) = "鸡翅 ": mc(3) = "饮料 "
  DJ(0) = 10 : DJ(1) = 5 : DJ(2) = 8 : DJ(3) = 3
```

```
        For i = 0 To 3
          If Check1(i). Value = 1 And Val(Text1(i). Text) < > 0 Then
            m = m + DJ(i) *  Val(Text1(i). Text)
            List1. AddItem mc(i) & Text1(i). Text & "份 "
        End If
        Next i
        If List1. ListCount < > 0 Then List1. AddItem "共计: " & m & "元 "
    End Sub
    Private Sub Text1_KeyPress(Index As Integer, KeyAscii As Integer)
        If KeyAscii < 48 Or KeyAscii > 57 Then KeyAscii = 0      '文本框只接受数字键
    End Sub
    Private Sub Command2_Click( )                  '下一位
        Dim i As Integer
        For i = 0 To 3
          Text1(i). Text = " "
          Text1(i). Enabled = False
          Check1(i). Value = 0
        Next i
        List1. Clear
    End Sub
```

(3) 运行调试。运行时,在复选框中选中食物后,光标自动进入右边的文本框,可以接着输入份数;单击“结账”按钮后会在列表框中列出账单;单击“下一位”按钮后界面复原。

讨论与思考

★ 在界面设计时,并未清除各文本框控件的缺省 Text 属性值,但运行开始时均显示空白,请考虑是如何实现的?

★ 请修改程序:若取消所选择的食物,则自动清空对应文本框中的份数。

★ 在过程 Command2_Click 中的全部语句是否可以用语句“Call Form_Load”替代?

实例 4. 编程,可以移动列表框中所选中表项的位置。

(1) 界面设计。在窗体上建立一个列表框和两个命令按钮,窗体界面如图 5-4 所示。各控件的主要属性设置如表 5-5 所示。

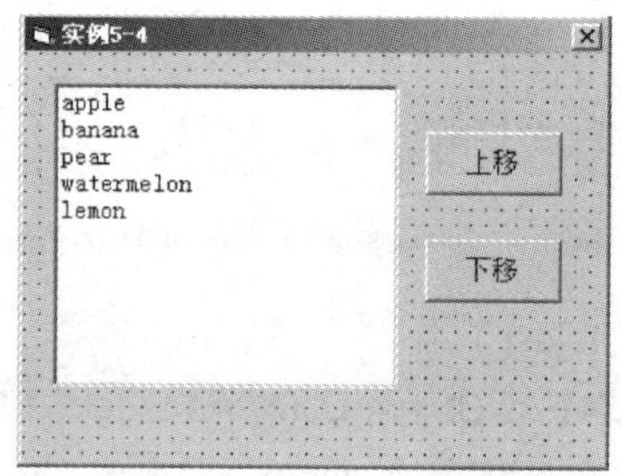

图 5-4 实例 4 的程序界面设计

表 5-5 实例 4 各控件的主要属性设置

控　件	属性(属性值)	属性(属性值)	属性(属性值)
窗　体	Caption("实例 4 ")	BorderStyle(1)	
列表框	Name(List1)	List(如图 5-4 所示)	Multiselect(0)
命令按钮 1	Name(Command1)	Caption("上移 ")	Enabled(False)
命令按钮 2	Name(Command2)	Caption("下移 ")	Enabled(False)

(2) 过程设计。

```
Private Sub Command1_Click( )                        '上移
    List1. AddItem List1. Text, List1. ListIndex - 1  '先将选中的内容添加到上一项前
    List1. RemoveItem List1. ListIndex + 1           '将原来选中的那项删除
    List1. ListIndex = List1. ListIndex - 1          '将光标重新指向已经上移后的选项
End Sub
Private Sub Command2_Click( )                        '下移
    List1. AddItem List1. Text, List1. ListIndex + 2  '先将选中的内容添加到下一项后
    List1. RemoveItem List1. ListIndex               '将原来选中的那项删除
    List1. ListIndex = List1. ListIndex + 1          '将光标重新指向已经下移后的选项
End Sub
Private Sub List1_Click( )
    Command1. Enabled = True : Command2. Enabled = True
    If List1. ListIndex = 0 Then Command1. Enabled = False    '第一项不能上移
    If List1. ListIndex = List1. ListCount - 1 Then _
    Command2. Enabled = False                        '末项不能下移
End Sub
```

(3) 运行调试。运行时,先选择列表框中的选项后,才可以单击“上移”或“下移”按钮相应地向上或向下调整选项的位置。当选项是第一项时不能再向上移,“上移”按钮变成不可用;当选项是最后一项时不能再向下移,“下移”按钮变成不可用。

讨论与思考

★ 列表框控件 Multiselect 属性值为 0,则只能单选,即只有一项能突出显示(选中),请思考 List1. List(List1. ListIndex) 和 List1. Text 都表示什么?

★ 在单选的列表框控件中如果一项也不选,其 ListIndex 属性值为 -1,为避免此时直接执行“移项”操作而导致运行错误,应将下列语句加入到程序中何处?

If List1. ListIndex <0 Then MsgBox ("请先选中一个表项! "): Exit Sub

实例 5. 编制一个用于机房管理的简单程序:学生上机计时、下机统计,结算本次上机所用机时。

(1) 界面设计。在窗体上建立一个列表框,显示各终端编号(假定为 90 台,突出显示表示该终端正在使用)。单击某终端对应表项奇数次则计时,单击某终端对应表项偶数次则结算。

运行时的界面显示如图 5-5 所示。各控件的主要属性设置如表 5-6 所示,列表框控件 List1 的 Multiselect 属性不能为 0,因为不是只有一台终端接待学生上机。

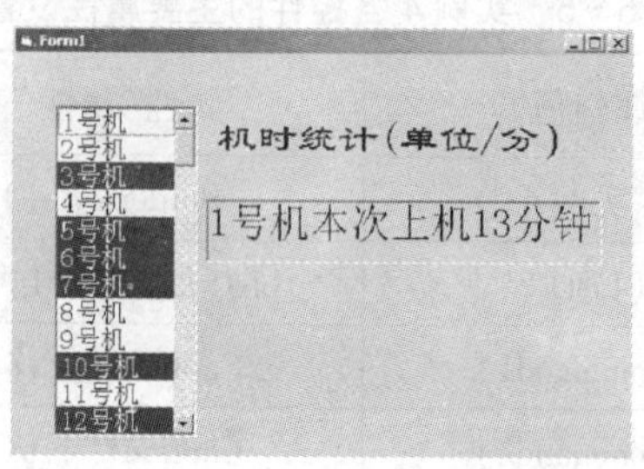

图 5-5　实例 5 运行时的界面设计

表 5-6　实例 5 各控件的主要属性设置

控　　件	属性(属性值)	属性(属性值)	属性(属性值)
列表框	Name(List1)	List：运行时添加，如图 5-5 所示	Multiselect(1)
标签控件 1	Name(Label1)	Caption("机时统计(单位/分)")	
标签控件 2	Name(Label2)	Caption("")	

(2) 过程设计。

```
Option Base 0                     '本窗体中数组声明不指明下标下界的则缺省下标下界为 0
Dim t1(89) As Integer             ' t1 数组各元素依次为 t1(0)、t1(1)、…、t1(89)
Private Sub Form_Load( )          '初始化 List1 各表项
  Dim i As Byte
  For i = 1 To 90
    List1. AddItem i & "号机 "
  Next i
End Sub
Private Sub List1_Click( )
  Dim x As Integer
  '对选中的第 List1. ListIndex +1 项,用 t1 数组第 List1. ListIndex +1 项记录开始时间
  If List1. Selected(List1. ListIndex) Then
     t1(List1. ListIndex) = Val(Left(Time,2)) *  60 + Val(Mid(Time,4,2))
  Else
    '单击已选中的表项后,该项取消突出显示,用当前时间与用机开始时间折算所用机时
    x = Val(Left(Time, 2))* 60 + Val(Mid(Time,4,2)) - t1(List1. ListIndex)
    Label2. Caption = List1. List(List1. ListIndex) + "本次上机 " & x & "分钟 "
  End If
End Sub
```

(3) 运行调试。运行时，只有已使用的终端号被突出显示，再次点击(学生下机)时自动取消突出显示并应结算机时。

讨论与思考

★ 为简化计算，将当前时间都折算为从 0 点起的分钟数(忽略秒数)。

★ 列表框控件 Multiselect 属性值为 1，则可以多选。而 List1. ListIndex 属性只能记录最

后一次选中的表项,而 Selected 数组中若下标 i 的元素为 True,则被选中的文本中包括表项 List1. List(i)。因此,对多选的列表框操作,一定要使用其 Selected 数组。

实例 6. 编程,利用组合框中给出的选项设置文本框文字的对齐格式,利用滚动条调整文本框中文字的大小。

(1) 界面设计。在窗体上建立 3 个标签控件用于显示说明性信息,一个组合框控件用于列表(显示文本框中文字的对齐方式),一个水平滚动条控件用于控制文本框中所显示文字的大小。

界面设计如图 5-6 所示,各控件的主要属性设置如表 5-7 所示。

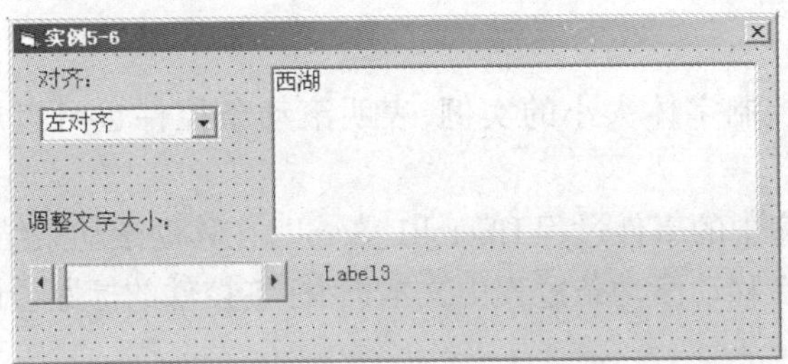

图 5-6 实例 6 的程序界面设计

表 5-7 实例 6 各控件的主要属性设置

控 件	属性(属性值)	属性(属性值)	属性(属性值)
窗 体	Caption("实例 6 ")	BorderStyle(1)	
标签 1	Name(Label1)	Caption("对齐:")	
标签 2	Name(Label2)	Caption("调整文字大小:")	
标签 3	Name(Label3)	AutoSize(True)	WordWrap(True)
组合框	Name(Combo1)	List("左对齐 "、"右对齐 "、"居中 ")	Text(左对齐)
水平滚动条	Name(HScroll1)	Min(9)	Max(72)
文本框	Name(Text1)	Text("西湖 ")	

(2) 过程设计。

```
Private Sub Form_Load( )
  Text1. FontSize = 9 : HScroll1. Value = 9
  Label3. Caption = "对齐方式: " & Combo1. Text & vbCr & "文本框字号为: 9 磅 "
End Sub
Private Sub Combo1_Click( )
  Text1. Alignment = Combo1. ListIndex
  Label3. Caption = "对齐方式: " & Combo1. Text & vbCr & _
    "文本框字号为: " & HScroll1. Value & "磅 "
End Sub
Private Sub HScroll1_Change( )
    Text1. FontSize = HScroll1. Value
```

```
        Label3. Caption = "对齐方式: " & Combo1. Text & vbCr & _
        "文本框字号为: " & HScroll1. Value & "磅 "
    End Sub
    Private Sub HScroll1_Scroll( )
        Call HScroll1_Change
    End Sub
```

(3) 运行调试。运行时,单击组合框中的对齐选项可以相应设置文本框文字的对齐格式;操纵滚动条将改变文本框中文字的大小。设置了文字的对齐方式和调整了文字的大小后都会实时在右下角的标签 Label3 中显示出来。

讨论与思考

★ 通过用滚动条控制字体大小的实例,表明滚动条控件也可以用于向应用程序输入数据。

★ 如果删除本程序中的事件过程 HScroll1_Scroll,在移动滚动条结束时会调用事件过程 HScroll1_Change,但是在移动滚动条过程中文本框、标签控件的标题会即时变化吗?

第三节　实 验 内 容

实验 1.　设置密码。

程序运行时,用户先在第一个文本框中进行密码设置,至少输入 6 位以上密码;按回车键后出现第二个文本框,重新输入一遍密码,按回车键或按"确认"按钮后判断两次密码输入是否一致。如果一致,用消息框显示设置成功信息,同时将文本框和命令按钮都变为不可用;否则用消息框显示设置不成功信息,程序回到启动初始状态,重新开始密码设置。

界面设计如图 5 - 7 所示,程序运行时的显示如图 5 - 8 所示。

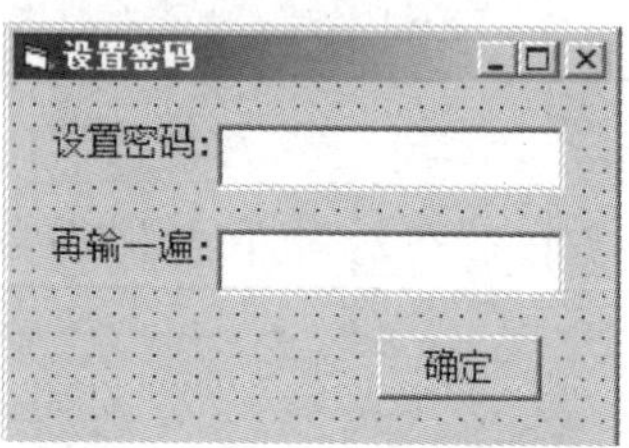

图 5 - 7　实验 1 的界面设计

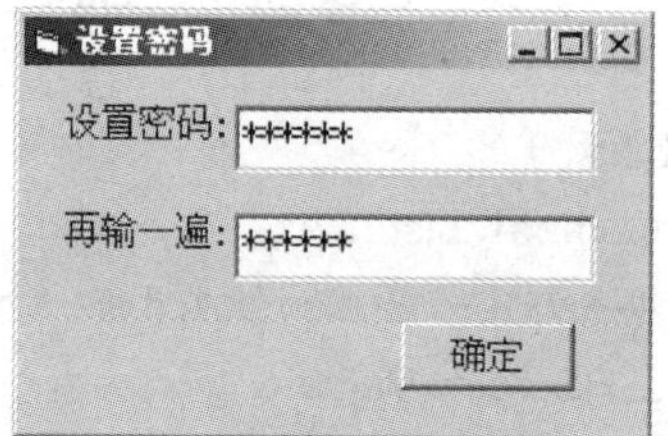

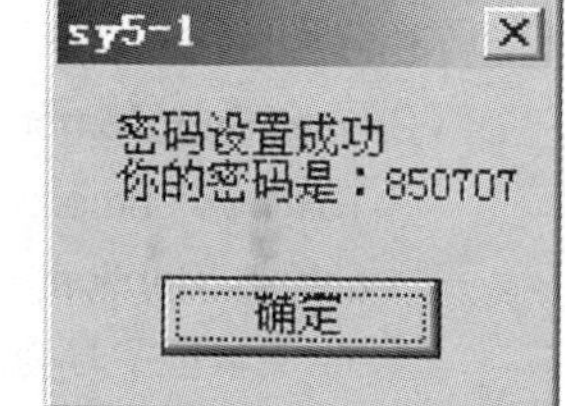

图 5 - 8　实验 1 的运行结果

提示

★ 要求在文本框中都显示“*”号,需设置 PasswordChar 属性;标签 2、文本框 2 和命令按钮一开始都不可见。

★ 编写事件过程 Text1_KeyPress(KeyAscii As Integer)。如果 KeyAscii = 13(表示按下回车键了),判断文本框中输入的字符数,如果少于 6,则清空文本框,提示重新输入;否则显示第二个文本框。

★ 编写事件过程 Text2_KeyPress(KeyAscii As Integer)。如果 KeyAscii = 13(表示已按回车键了),则调用 Command1_Click( )事件过程(与执行语句 Command1. Value = True 等价)。

★ 编写事件过程 Command1_Click,对两个文本框的内容是否一致进行比较,分别做出相应的处理。

实验 2. 文本查找/替换。

运行时,用户在 Text2 中输入查找内容,在 Text3 中输入替换成的内容,单击“替换”按钮对 Text1 中与查找内容匹配的文字进行替换操作。程序运行的效果如图 5 - 9 所示。

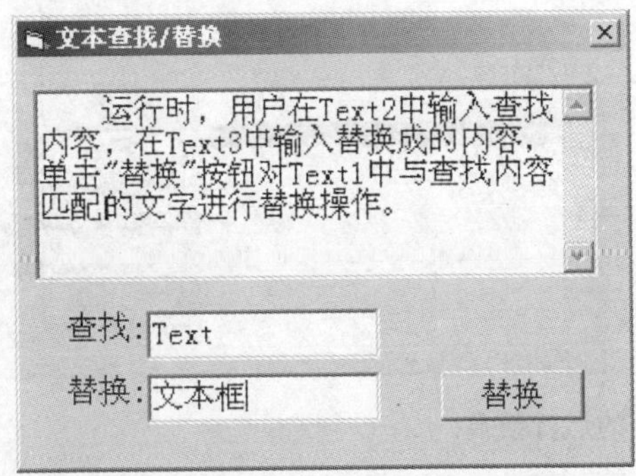

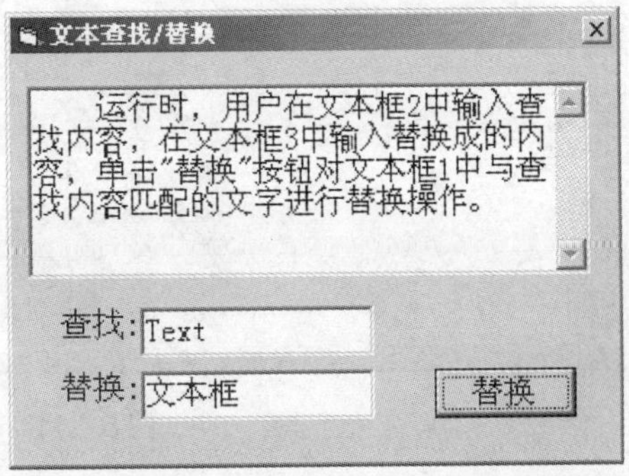

图 5 - 9 实验 2 运行情况

提示

★ 程序首先在文本框的第一个字符逐个开始取长度与要查找的字符串长度相等的子字符串,判断是否与要查找的字符串相匹配,如果找到则将开始位置赋值给 Text1. SelStart,所选取的字符个数 Text1. SelLength = Len(Text2)。

★ 替换文本框中所选中内容操作语句为 Text1. SelText = Text2. Text。

实验 3. 修饰文本框中的显示文本。

运行时可以通过“彩色”复选框设置文本框的背景和文字颜色;通过“粗体”复选框设置文本框是否加粗;通过单选钮设置文本框中文字对齐方式。程序运行时的显示结果如图 5 - 10所示。

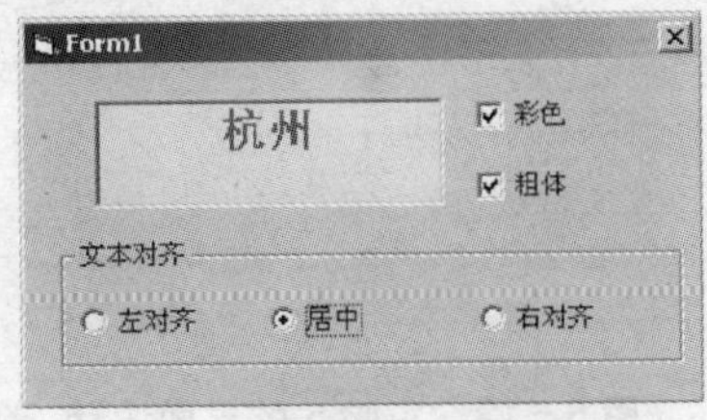

图 5 - 10 实验 3 的运行结果

提示

★ 编写事件过程 Check1_Click，使 Check1 被选中时文本框设置为黄色背景、红色文字，没有选中时文本框设置为白色背景、黑色文字。

★ 编写事件过程 Check2_Click，使 Check2 被选中时文本框字型设置为粗体，没有选中时，文本框字型不加粗。

★ 编写事件过程 Option1_Click(Index As Integer)用于属性设置文本框的对齐属性 Alignment。

实验 4. 列表框操作。

运行时在文本框中输入新表项，单击"添加"按钮后将文本框中的内容追加到列表框的末尾；单击"删除"按钮可将所选表项删除；单击"上移"或"下移"可以调整所选表项的位置。程序运行时的显示结果如图 5－11 所示。

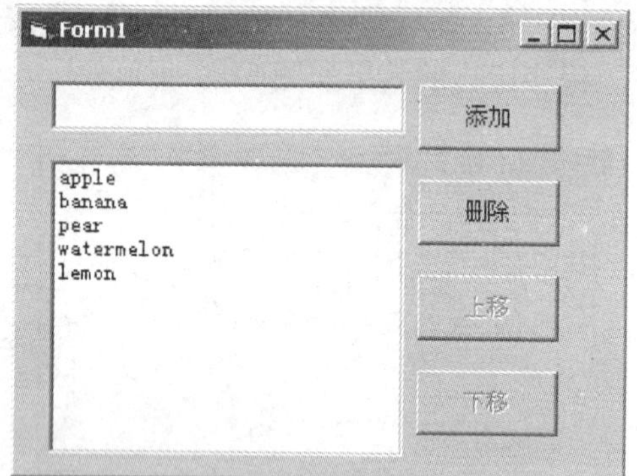

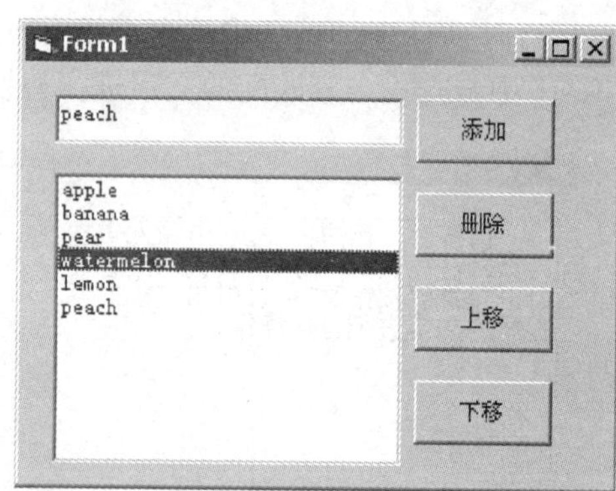

图 5－11　实验 4 的运行结果

提示

★ 编写事件过程 Command1_Click，添加列表项语句为：List1. AddItem Text1. Text。

★ 编写事件过程 Command2_Click，删除列表项语句为：List1. RemoveItem List1. ListIndex。

★ 实现"上移"和"下移"操作请参考实例 5。

实验 5. 日期显示。

启动后首先在文本框中显示系统日期；选择组合框中的日期格式，文本框中显示的日期格式将发生相应变化；调整滚动条的位置，文本框将显示从"大前天"到"大后天"的日期，标签 2 中同时自动显示是哪一天。

在窗体上建立两个标签、一个组合框、一个文本框和一个横向滚动条控件，界面设计如图 5－12 所示，程序运行结果显示如图 5－13 所示。

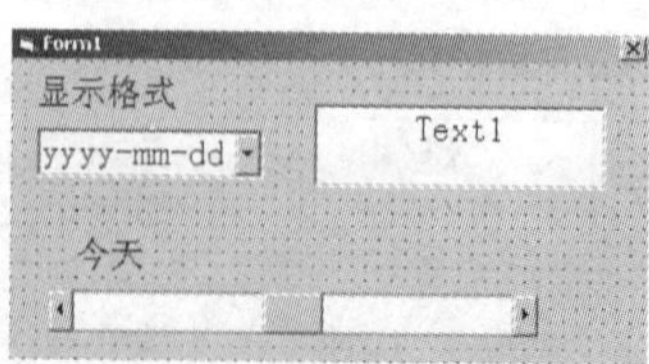

图 5－12　实验 5 的界面设计

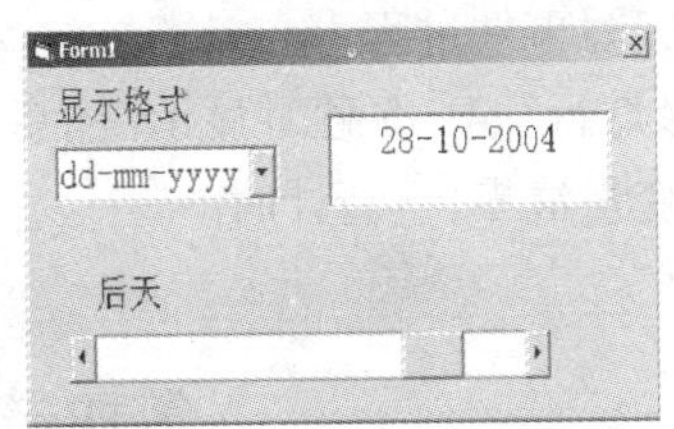

图 5-13 实验 5 的运行结果

提示

★ 设计时在组合框中输入 3 个选项:"yyyy-mm-dd"、"mm-dd-yyyy"和"dd-mm-yyyy"。

★ 滚动条的 Min 为 -3、Max 为 3、Value 为 0。

★ 编写事件过程 Combo1_Click,设置日期格式的语句为 Text1. Text = Format(Date, Combo1. Text)。

★ 编写事件过程 HScroll1_Change,定义字符数组 t(Dim t(-3 To 3) As String),数组 t(-3)~t(3)的值为"大前天"、"前天"……"后天"、"大后天",将 Date + HScroll1. Value 的日期按照组合框设置的样式显示出来;标签 2 将相应显示 t(HScroll1. Value)的值。

实验 6. 红绿灯提示。

程序启动后信号灯为绿色,灯下用绿色文字显示"绿灯行"3 秒钟,接着信号灯变为黄色,用黄色文字显示"注意"2 秒钟,然后信号灯变为红色,用红色文字显示"红灯停"3 秒钟,最后信号灯又变为黄色,用黄色文字显示"注意"2 秒钟。然后,再重新开始下一轮"绿灯行"、"注意"、"红灯停"的显示。界面运行效果如图 5-14 所示。

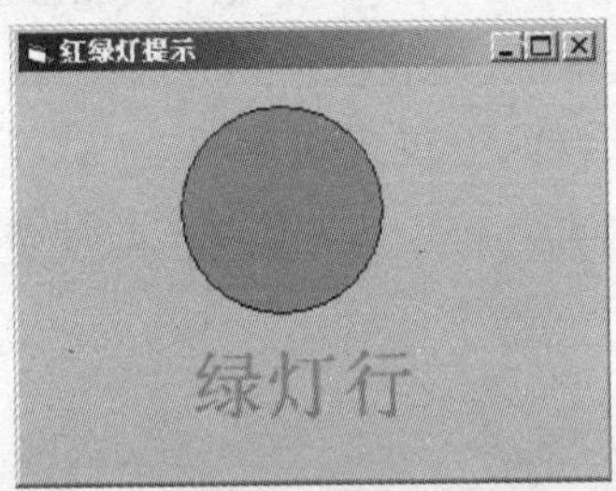

图 5-14 实验 6 的运行情况

提示

(1) 信号灯使用形状控件(Shape)来表示,在窗体的 Load 事件编写如下程序:

```
Private Sub Form_Load( )
    Label1. Caption = "绿灯行"
    Label1. ForeColor = vbGreen
    Shape1. Shape = 3                    '设置为圆
    Shape1. FillStyle = 0                '填充风格为实填充
    Shape1. FillColor = vbGreen
End Sub
```

（2）编写事件过程 Timer1_Timer，定义一个窗体级或静态变量统计时间，计时为 1 ~ 3 秒时显示“绿灯行”、4 ~ 5 秒时显示“注意”、6 ~ 8 秒时显示“红灯停”、9 ~ 10 秒时显示“注意”，然后计时变量清零，重新计时。

第四节　教材习题解答

一、判断题

1. ×　2. ×　3. ×　4. √　5. ×　6. √　7. ×　8. √　9. √　10. √
11. ×　12. ×　13. √　14. √　15. ×　16. ×　17. ×　18. √　19. √　20. ×
21. √　22. ×　23. √　24. ×　25. √

二、选择题

1. C　2. D　3. B　4. B　5. B　6. C　7. B　8. B　9. B　10. A
11. D　12. C　13. B　14. B　15. A　16. D　17. B　18. B　19. B　20. A

三、填空题

1. 上、下、左、左　2. 缇、无关　3. &、<Alt> + <Y>　4. Enabled
5. MaxLength　6. Text1. SetFocus　7. MultiLine　8. Visible
9. Alignment　10. AutoSize　11. ForeColor　12. 0 或 1
13. True　14. 1　15. AddItem　16. 1
17. List1. Clear　18. 文本框、列表框
19. 下拉式组合框、简单组合框、下拉式列表框　20. Scroll
21. Value　22. Change　23. 定时器不起作用　24. Timer
25. 65535

四、程序阅读题

程序 1. 116

程序 2. 8

程序 3. 23451
34512

程序 4. 您好
欢迎使用 Visual Basic！

程序 5. 李子
苹果
橘子
葡萄
柚子
香蕉

程序 6. y = 6
y = 14

程序 7. n = 1
n = 3
n = 5

五、程序填空题

1. （1）Mid(Text1, i, 1)　（2）p = j　（3）a(i) = a(p)

(4) Command2. Enabled = True

2. (1) 1 To 2 * i − 1 (2) Command2. Enabled = True (3) Command2. Enabled = False

3. (1) Text1. Enabled = True: Text2. Enabled = False (2) p = 2

(3) List1. AddItem i (4) Val (Text1. Text) <2 (5) Exit Sub

4. (1) List1. ListCount (2) List1. RemoveItem i (3) i = i + 1

5. (1) Timer1. Enabled = True (2) x \ 3600

(3) (x − h * 3600) \ 60 (4) x = x + 1

6. (1) Label1. Left (2) Label1. Left = − Label1. Width

六、程序设计题

1. 程序代码如下:

```
Private Sub Command1_Click( )
  If Command1.Caption = "显示" Then
    Print "欢迎使用 Visual Basic! "
    Command1.Caption = "清除"
  Else
    Cls
    Command1.Caption = "显示"
  End If
End Sub
Private Sub Command2_Click( )
  End
End Sub
```

2. 程序代码如下:

```
Private Sub Form_Load( )
  Text1.Text = ""
End Sub
Private Sub Text1_KeyPress(KeyAscii As Integer)
  If UCase(Chr(KeyAscii)) < " A " Or UCase(Chr(KeyAscii)) > " Z " Then
    KeyAscii = 0
  Else
    Label1.Caption = KeyAscii
  End If
End Sub
```

3. 程序代码如下:

```
Private Sub Command1_Click( )
  Print "欢迎光临! "
End Sub
Private Sub Text1_KeyPress(KeyAscii As Integer)
  If KeyAscii = 13 Then
    If Text1 = " abcde " Then
```

```
        Command1.Enabled = True
      Else
        MsgBox "密码错误" : Text1.SelStart = 0
        Text1.SelLength = Len(Text1): Text1.SetFocus
      End If
    End If
  End Sub
```

4. 程序代码如下：

```
  Dim r As Integer, t As Integer
  Private Sub Command1_Click( )
    Randomize
    r = Int(Rnd *  100) + 1 : Text1.SetFocus
  End Sub
  Private Sub Text1_KeyPress(KeyAscii As Integer)
    If KeyAscii = 13 Then
      t = t + 1
      Select Case Val(Text1.Text)
        Case Is > r : MsgBox "太大！"
        Case Is < r : MsgBox "太小！"
        Case r : MsgBox "猜对了！" & vbCr & "猜了" & t & "次"
      End Select
      Text1.Text = ""
    End If
  End Sub
```

5. 程序代码如下：

```
  Private Sub Form_Load( )
    Label2.Caption = "": Label3.Caption = "": Text1.Text = ""
  End Sub
  Private Sub Option1_Click(Index As Integer)
    Select Case Index
      Case 0 : d = 2: b = "二进制数: "
      Case 1 : d = 8: b = "八进制数: "
      Case 2 : d = 16 : b = "十六进制数: "
    End Select
    X = Val(Text1.Text): s = ""
    Do Until X = 0
      Y = X Mod d
      If Y > = 10 Then c = Chr(65 + Y - 10) Else c = Chr(48 + Y)
      s = c & s : X = X   d
    Loop
    Label2.Caption = b : Label3.Caption = s
  End Sub
```

```
Private Sub Text1_MouseDown(Button As Integer, _
    Shift As Integer, X As Single, Y As Single)
  Call Form_Load
End Sub
```

6. 程序代码如下：

```
Private Sub Form_Load( )
  Label1.Left = Form1.ScaleWidth / 2 - Label1.Width / 2
  Label1.AutoSize = True : HScroll1.Min = 1
  HScroll1.Max = 1000 : HScroll1.SmallChange = 10
  HScroll1.LargeChange = 100
  HScroll1.Value = 500 : Timer1.Interval = 500
End Sub
Private Sub HScroll1_Change( )
  Timer1.Interval = HScroll1.Value
End Sub
Private Sub HScroll1_Scroll( )
  HScroll1_Change
End Sub
Private Sub Timer1_Timer( )
  If Label1.FontSize > = 72 Then
    Timer1.Enabled = False
  Else
    Label1.FontSize = Label1.FontSize + 2
    Label1.Left = Form1.ScaleWidth / 2 - Label1.Width / 2
  End If
End Sub
```

7. 程序代码如下：

```
Dim strnum As String, t As Integer
Private Sub cmdcancel_Click( )
  Text1.Text = ""
End Sub
Private Sub cmddel_Click( )
  If Text1.Text < > "" Then Text1.Text = Left(Text1.Text, Len(Text1.Text) - 1)
End Sub
Private Sub cmddial_Click( )
  Dim i As Integer
  For i = 0 To 9
    cmdNum(i).Enabled = True
  Next i
End Sub
Private Sub cmdexit_Click( )
  End
```

```
End Sub
Private Sub cmdNum_Click(Index As Integer)
  Text1.Text = Text1.Text & Index
End Sub
Private Sub cmdredial_Click( )
  strnum = Text1.Text : Text1.Text = "": Timer1.Enabled = True
  t = 0
End Sub
Private Sub Timer1_Timer( )
  Dim lennum As Integer, i As Integer
  lennum = Len(strnum): t = t + 1
  If t > lennum Then Timer1.Enabled = False
  Text1.Text = Text1.Text & Mid(strnum, t, 1)
End Sub
```

第六章　图形控件与图形方法

第一节　学 习 指 导

一、本章主要任务

1. 掌握 Visual Basic 图形控件的常用方法和属性及其应用
2. 掌握建立图形坐标系统的方法
3. 能使用绘图方法编程绘制简单的二维几何图形

二、重点与难点

重点：

1. 坐标系统的概念，建立图形坐标系的方法
2. 绘图方法和属性的使用

难点：

坐标系统的概念，建立图形坐标系的方法

三、要点概述与学习建议

1. 图形控件

Visual Basic 提供的 4 个图形控件，其主要特点和用途如表 6－1 所示。

表 6－1　图形控件

图 形 控 件	重要属性及说明
Picture Box（图片框）	图片框的 AutoSize 属性值为 True 时，能使图片框按装载的图片大小重新调整尺寸，即图片框的大小与图片匹配。可作为容器使用
Image（影像框）	图像控件的 Stretch 属性值为 True 时，加载到控件中的图像可以自动调整尺寸以适应图像控件的大小
Shape（形状控件）	形状控件的 Shape 属性确定 6 种形状用来绘制几何图形
Line（直线控件）	主要属性 X1、Y1、X2、Y2 的值确定了直线显示的起止位置

图片框控件不仅可用以显示图片，也可以作为其他对象的容器，显示图形方法的输出结果和 Print 方法输出的文本。

影像框只能用以显示图片，由于它能够响应 Click 事件，一般用来作为图形命令按钮使用；形状控件可以很方便地画出如圆、矩形等简单的图形，相比之下，利用图形方法可以画出

更复杂的图形。

2. Visual Basic 坐标系统

坐标系统是画图和进行图形处理的基础。各容器中建立的对象,其定位(位置属性)相对于所在容器的坐标系,容器的 Scale 方法可以改变其坐标原点、单位长度。

Visual Basic 缺省的坐标系统的原点(0,0)始终位于各个容器对象的左上角,X 轴的正方向水平向右,Y 轴的正方向垂直向下。坐标系统的量度单位由 ScaleMode 属性决定。Visual Basic 允许用户自定义坐标系,方法有两种:

(1) 使用 Scale 属性,即通过 ScaleLeft、ScaleTop、ScaleWidth、ScaleHeight、ScaleMode 设置坐标原点、坐标轴方向和刻度单位。

(2) 使用 Scale 方法,是建立用户坐标系最简便的方法。

格式:[Object.]Scale[(左上角坐标 x1,y1)-(右下角坐标 x2,y2)]。

3. 绘图属性

Visual Basic 中绘图时常常需要使用图形容器对象(通常为窗体、图片框)的相关绘图属性,常用的绘图属性如表 6-2 所示。

表 6-2 常用绘图属性

绘图属性	作用
CurrentX、CurrentY	运行时返回或设置对象的当前绘图位置
DrawWidth、DrawStyle	返回或设置图形方法(Line、PSet、Circle)输出的线宽、线型
FillStyle、FillColor	决定封闭图形的填充方式、填充颜色
ForeColor、BackColor	设置绘图的颜色、背景颜色
AutoReDraw	用于显示处理,决定是否自动重绘窗体或控件

4. 绘图方法(又称图形方法)

Visual Basic 中常用的绘图方法如表 6-3 所示。

表 6-3 常用绘图方法

方法	作用	使用格式
Pset	绘制指定颜色的点	[Object.] Pset[step](x,y) [,color]
Line	用于画直线或矩形	[Object.]Line[[step](X1,Y1)]-[step](X2,Y2) [,color][,B][F]
Circle	画圆、椭圆、圆弧和扇形	[Object.]Circle [Step](x,y),r[,color[,start,end[,aspect]]]
Point	获取指定位置的点的 RGB 颜色值	[Object.] Point(x,y)
Cls	清除图像	[Object.]Cls

第二节　实验指导

实例 1.　编程验证 DrawWidth、DrawStyle、FillStyle、ForeColor、FillColor 5 种绘图属性的作用。

(1) 界面设计。在窗体上添加 5 个标签,分别显示这 5 种属性名;添加 5 个组合框,列表显示各属性的取值,界面设计和运行时的显示结果如图 6-1 所示。

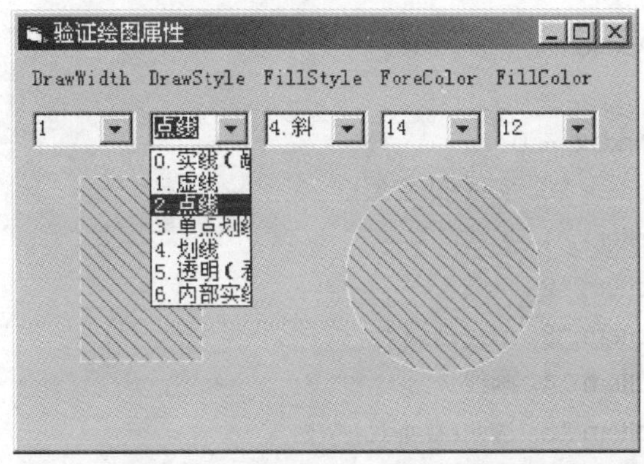

图 6-1　实例 1 运行时的显示结果

(2) 过程设计。

```
Private Sub DrawAtt( )                          '通用过程,用来在窗体上绘制矩形和圆
    Form1. Cls
    Form1. Scale (0,0) - (35,25)                '改变窗体坐标系
    Form1. DrawWidth = Combo1. Text             '边线宽度由组合框 1 的选择决定
    Form1. DrawStyle = Val(Combo2. Text)        '边线样式由组合框 2 的选择决定
    Form1. FillStyle = Val(Combo3. Text)        '填充样式由组合框 3 的选择决定
    Form1. ForeColor = QBColor(Val(Combo4. Text))   '前景色由组合框 4 的选择决定
    Form1. FillColor = QBColor(Val(Combo5. Text))   '填充色由组合框 4 的选择决定
    Line (5, 10) - (15,20), B
    Circle (25,15), 5
End Sub
Private Sub Combo1_Click( )
    DrawAtt
End Sub
Private Sub Combo2_Click( )
    DrawAtt
End Sub
Private Sub Combo3_Click( )
    DrawAtt
End Sub
```

```
Private Sub Combo4_Click( )
    DrawAtt
End Sub
Private Sub Combo5_Click( )
    DrawAtt
End Sub
Private Sub Form_Load( )                                          '设置各组合框的列表选项值
  Dim i As Integer
  For i = 1 To 5
    Combo1. AddItem i
  Next i
  Combo1. ListIndex = 0
  Combo2. AddItem "0. 实线(缺省值) "
  Combo2. AddItem "1. 虚线 "
  Combo2. AddItem "2. 点线 "
  Combo2. AddItem "3. 单点画线 "
  Combo2. AddItem "4. 画线 "
  Combo2. AddItem "5. 透明(看不见) "
  Combo2. AddItem "6. 内部实线 "
  Combo2. ListIndex = 0
  Combo3. AddItem "0. 实心 "
  Combo3. AddItem "1. 透明(不填充,缺省值) "
  Combo3. AddItem "2. 水平线 "
  Combo3. AddItem "3. 垂直线 "
  Combo3. AddItem "4. 斜线(左上右下) "
  Combo3. AddItem "5. 斜线(右上左下) "
  Combo3. AddItem "6. 十字线 "
  Combo3. AddItem "7. 交叉斜线 "
  Combo3. ListIndex = 1
  For i = 0 To 15 : Combo4. AddItem i : Next i
  Combo4. ListIndex = 0
  For i = 0 To 15 : Combo5. AddItem i : Next i
  Combo5. ListIndex = 0
End Sub
```

(3) 运行调试。程序启动后,单击选择任一组合框的列表项,触发相应的 Click 事件,调用通用过程,在窗体上以相应的属性设置绘制矩形和圆,如图 6-1 所示。

讨论与思考

★ 本实例所讨论的 5 个属性中,哪些对用图形方法绘制的封闭图形的外观起作用?

★ 这些属性中,哪些对用形状控件的外观起作用?

实例 2. 在图片框中画折线:画线开始后、光标在图片框内为十字形,第一次单击图片框定第一点的位置，此后每次单击都以上次单击处为起点、本次单击处为终点画直线；单击"画线结束"按钮恢复光标原状。

(1) 界面设计。界面设计和运行时的显示结果如图 6-2 所示。

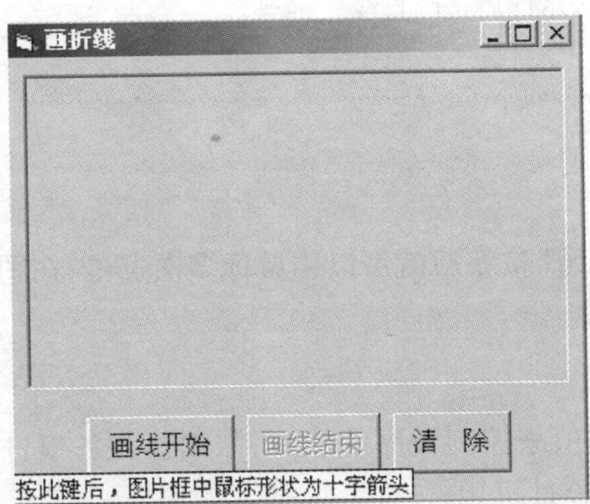

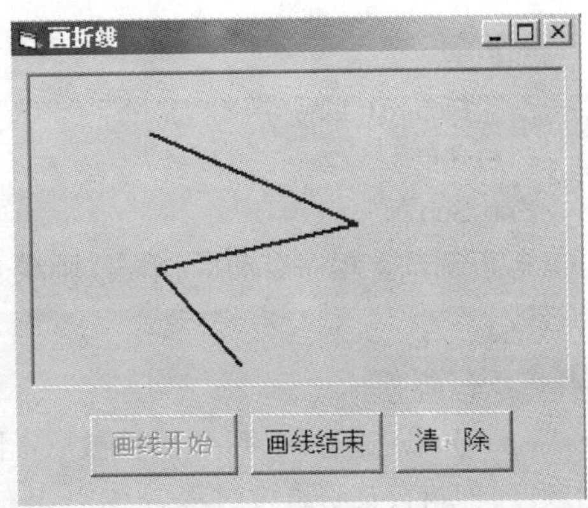

图 6-2 实例 2 运行时的显示结果

(2)过程设计。

```
Dim begin As Boolean                        '画折线的起点 begin 为 True,否则为 False
Private Sub Form_Load( )
    Picture1. DrawWidth = 2                 '设置线的粗细
    Command2. Enabled = False               '开始时"画线结束"按钮不可用
    Picture1. Enabled = False               '开始时图片框控件不可用
End Sub
Private Sub Command1_Click( )
    Picture1. MousePointer = 2              '设置图片框中鼠标形状为十字箭头
    Picture1. Enabled = True                '按"画线开始"按钮后图片框控件可用
    Command1. Enabled = False
    begin = True                            '将画第一个点
End Sub
Private Sub Command2_Click( )
    Picture1. MousePointer = 0              '恢复鼠标形状,画线结束
    Command2. Enabled = False
    Command1. Enabled = True : Picture1. Enabled = False
End Sub
Private Sub Command3_Click( )
    Picture1. Cls : Picture1. Enabled = False
End Sub
Private Sub Picture1_DblClick( )
    Command2 Click                          '双击图片框则调用 "画线结束"事件过程
End Sub
Private Sub Picture1_MouseDown(Button As Integer, _
        Shift As Integer, X As Single, Y As Single)
```

```
    If begin Then
        Picture1. Line (X, Y) - (X, Y)          '确定第一条直线的起点
        Command2. Enabled = True
        begin = False                           '表示此后是画直线
    Else
        Picture1. Line - (X, Y)
    End If
End Sub
```

(3) 运行调试。程序启动后,单击"画线开始"按钮后就可以用鼠标多次点击、在图片框中绘制折线。

讨论与思考

★ Visual Basic 通过 Enabled 属性被赋不同值来控制程序的流程,限制执行各事件过程的先后顺序,即执行某一事件过程后,才让其他控件可用。

★ 运行时当鼠标逗留在某控件上时,希望出现相应的提示信息(如图 6-2 所示"画线开始"按钮旁的一栏说明),可以为该控件的 TooltipText 属性赋值相应的文本。本例中,Command1. TooltipText 属性值为 "按此键后,图片框中鼠标形状为十字箭头 "。

实例 3. 利用定时器控件来实现小球(Shape 控件)运动的动画效果,当小球运动到图片框边界时被弹回。

(1) 界面设计。建立 Picture 控件用来限定小球运动的空间,在图片框内建立 1 个 Shape 控件用于绘制小球,Command1 用作小球运动的开始按钮,Command2 用作小球运动"暂停"或"继续"取消暂停的变换按钮,Command3 用于结束该程序。

界面设计如图 6-3 所示,各控件的主要属性见表 6-4。

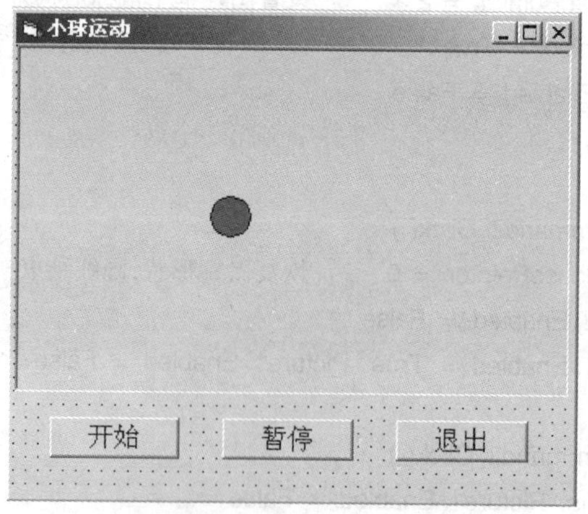

图 6-3 实例 3 的界面设计

表 6-4 实例 3 各控件的主要属性设置

控　　件	属性(属性值)	属性(属性值)	属性(属性值)
命令按钮 1	Name(Command1)	Caption("开始 ")	

续表

控　　件	属性(属性值)	属性(属性值)	属性(属性值)
命令按钮 2	Name(Command2)	Caption("暂停 ")	
命令按钮 3	Name(Command3)	Caption ("退出 ")	
形状控件 1	Name(Shape1)	Shape(3)	FillStyle(0)
	BorderColor(&Hff&)	FillColor(&Hff&)	
定时器 1	Name(Timer1)	Interval(50)	
图片框 1	Name(Picture1)		

(2) 过程设计。

```
Dim dx As Sigle, dy As Sigle                     ' 声明小球运动的位置变量 dx 和 dy
Private Sub Form_Load( )                         ' 启动窗体时作始设置
    Timer1. Interval = 50                        ' 设置时钟间隔
    Timer1. Enabled = False
    Command2. Enabled = False
    Command3. Enabled = False
    dx = 50 : dy = 50                            '为保证以 45°碰壁,使 dx,dy 值相等
End Sub
Private Sub Command1_Click( )                    '开始
    Command1. Enabled = False
    Command2. Enabled = True
    Command3. Enabled = True
    Timer1. Enabled = True
End Sub
Private Sub Command2_Click( )                    '暂停
    If Command2. Caption = "暂停 " Then
      Timer1. Enabled = False                    '暂停后定时器停止工作
      Command2. Caption = "继续 "                 '"暂停"按钮的名称变为"继续"
    Else
      Timer1. Enabled = True                     '单击"继续"按钮后,定时器恢复工作
      Command2. Caption = "暂停 "
    End If
End Sub
Private Sub Command3_Click( )                    '退出
    Dim p As Integer
    p = MsgBox("确实要退出吗?", 1)               '弹出消息框,按"确定"(返回值为 1)后退出
    If p = 1 Then End
End Sub
Private Sub Timer1_Timer( )                      '小球运行控制
    If Shape1. Left < = 0 Or Shape1. Left + Shape1. Width > = Picture1. ScaleWidth Then
```

```
        dx = - dx        '当小球碰到图片框的左边或右边边框,x 方向增加量变号,即反向运行
    Else If Shape1. Top < = 0 Or Shape1. Height + Shape1. Top _
            > = Picture1. ScaleHeight Then
        dy = - dy        '小球碰到图片框上或下边框,y 方向增加量变号,即反向运行
    End If
    Shape1. Top = Shape1. Top + dy
    Shape1. Left = Shape1. Left + dx
End Sub
```

讨论与思考

★ 分析小球开始运行是朝什么方向?如果要改变小球最初运行方向,如何修改程序让每次运行方向是随机不定的?

★ 本实例所使用均为缺省的坐标系。如果改变窗体坐标系,会影响程序的运行效果吗?如果没有影响,是否与事件过程 Timer1_Timer 中对运动是否到达边界的判断条件采用了图片框控件的坐标属性有关?

实例 4. 编程,显示时钟秒针运动的轨迹,作为读秒器使用。

(1) 界面设计。在窗体上建立图片框控件(P1)用于显示秒针转动轨迹,再在图片框中建立两个形状控件:大圆(Shape1)作表盘、小圆(Shape2)作转动轴,在窗体刚装入后调整它们的位置、大小,并在表盘上标记数字,标签控件用于显示从计时开始起所经过的时间。

界面设计命令按钮和控件数组的标题如图 6-4 所示,各控件主要属性如下,其他属性取缺省值。

```
Shape1. FillStyle = 0                Shape2. FillStyle = 0
Shape1. FillColor = & HCOCOOO&       Shape2. FillColor = VbRed
Timer1. InterVal = 1000              P1. ForeColor = 255
```

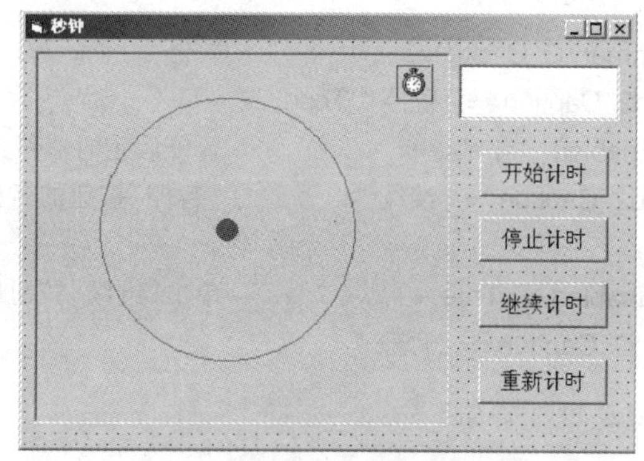

图 6-4 实例 4 的界面设计

(2) 过程设计。编程分析:Line 方法只能画直线,而秒针的动画要求擦除原有秒针(直线)图形、画出新的秒针图形。实际上,用背景色(表盘的颜色)在上次所绘制的红线上重新绘制,就是所谓擦除。因此,每隔 1 秒钟要画两条直线:用背景色在前一秒画的红线上重画第一条直线,第二条是红线、表示秒针转动到下一秒位置。圆周角 360°,由此可知每秒转角应增加 6°。

程序如下：

```
Dim x1 As Single, y1 As Single          '定义模块级变量 x1、y1 表示所绘制直线的端点坐标
Dim k As Long, n As Long                'k记录转角,n 记录秒数
Private Sub Form_Activate( )            '窗体装入后立即自动执行此过程
  P1. Width = P1. Height                '使图片框宽度等于高度
  P1. Scale ( - 10, - 10) - (10, 10)    '重新设置坐标系
  Shape1. Width = P1. ScaleWidth        '使表示表盘的圆内切于图片框控件 P1
  Shape1. Height = P1. ScaleHeight
  Shape1. Left = - Shape1. Width / 2
  Shape1. Top = - Shape1. Height / 2
  Shape2. Left = - Shape2. Width / 2       '使表示转动轴的红色小圆 Shanp2 居中
  Shape2. Top = - Shape2. Height / 2
  P1. CurrentX = - 0. 5 : P1. CurrentY = - 9. 5 : P1. Print " 12 "      '标记主要钟点数
  P1. CurrentX = 9 : P1. CurrentY = - 0. 5 : P1. Print " 3 "
  P1. CurrentX = - 0. 5 : P1. CurrentY = 8. 5 : P1. Print " 6 "
  P1. CurrentX = - 9. 5 : P1. CurrentY = - 0. 5 : P1. Print " 9 "
  P1. Line (0, 0) - (0, - 8)                '在 12 点方向画秒针
  x1 = 0 : y1 = - 8 : k = 180               '记录 12 点秒针端点的坐标和转角
  Label1. Caption = " 0 秒 "
  Timer1. Enabled = False : Command1(1). Enabled = False
  Command1(2). Enabled = False : Command1(3). Enabled = False
End Sub
Private Sub Timer1_Timer( )                 '画线
  P1. Line (0, 0) - (x1, y1), &HC0C000      '用背景色画擦除线
  Shape2. Refresh                           '刷新显示作为转动轴的小圆
  k = k - 6 : n = n + 1                     '逆时针方向转动 6°、秒数加 1
  Label1. Caption = n & "秒 "
  x1 = 8 * Sin(3. 141593 * k / 180)         '计算新画线的一端点坐标
  y1 = 8 * Cos(3. 141593 * k / 180)
  P1. Line (0, 0) - (x1, y1), 255
End Sub
Private Sub Command1_Click(Index As Integer)
  Select Case Index
    Case 0
      Timer1. Enabled = True
      Command1(0). Enabled = False : Command1(1). Enabled = True
      Command1(2). Enabled = True : Command1(3). Enabled = True
    Case 1
      Timer1. Enabled = False
    Case 2
      Timer1. Enabled = True
```

```
        Case 3
            P1. Line (0, 0) - (x1, y1), &HC0C000
            n = 0 : x1 = 0 : y1 = - 8 : k = 180
            Label1. Caption = "0 秒 "
    End Select
End Sub
```

（3）运行调试。运行时，单击“开始计时”按钮，计时器开始计时；单击“停止计时”按钮，计时器停止计时，标签框显示总秒数；单击“继续计时”按钮，计时器恢复计时；单击“重新计时”按钮，计时器又从初态开始计时。计时过程中，标签框始终动态显示秒数。程序运行窗口如图 6－5 所示。

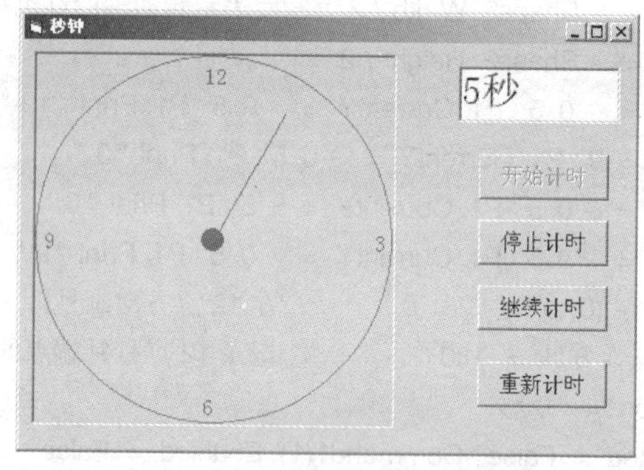

图 6－5　实例 4 的运行结果

讨论与思考

★ 是否可以采用转动直线控件显示秒针，而不是采用绘制直线的方法实现设计要求？

★ 在此，改变图片框坐标系后，简化了坐标计算。没有按照笛卡儿坐标系而使 y 坐标的正方向向下，是为了避免使图片框的坐标属性 ScaleHeight 出现负值。

第三节　实 验 内 容

实验 1.　编程，使得无论怎样改变窗体的坐标系或窗体的大小，单击窗体后，总是以窗体中心点为圆心绘制一个半径为其边长最小值 1/3 的圆。

提示

★ 可以用 InputBox 函数输入新坐标系下窗体左上角(x1,x2)、右下角(y1,y2)的坐标。

★ 执行语句“Form1. Scale (x1,y1) －(x2,y2)”后，窗体的中点坐标总可以表示为：

(x1 + (x2 − x1)/2, y1 + (y2 − y1)/2)

或（Form1. ScaleLeft + Form1. ScaleWidth/2, Form1. ScaleTop + Form1. ScaleHeight/2）

实验 2.　编程，使图片框的高度等于宽度、红色实心填充，坐标原点在中央、边长为 100 个单位。单击“开始变化”按钮，半径为 10 个单位的圆开始变大（每隔 100 毫秒增加 1 个单位）；半径为 100 个单位时圆半径开始变小（每隔 100 毫秒减小 1 个单位），如此循环往复。

界面设计和运行时的显示结果，如图 6-6 所示。

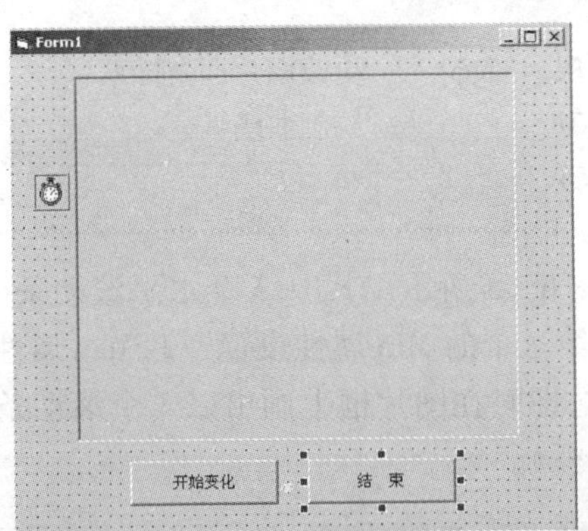

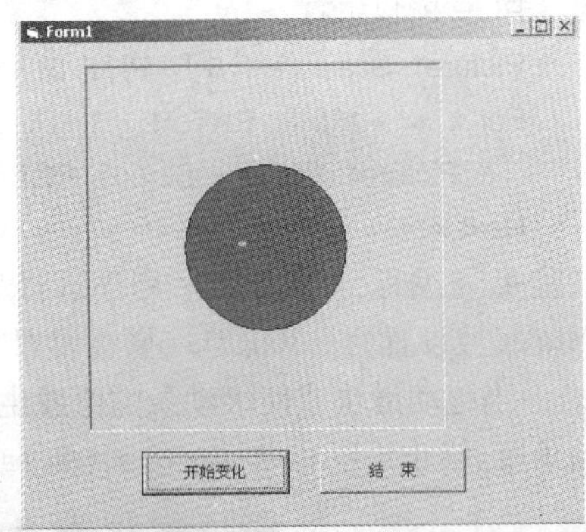

图 6-6　实验 2 的界面设计和运行结果

提示

★ 在窗体的 Activate 事件过程中设置图片框、定时器控件各属性，并更改图片框坐标系。

★ 考虑到如何区分半径增长与减少的两种状态，可参考以下代码编写 Timer 事件过程。

```
Private Sub Timer1_Timer( )
    Static k As Byte
    If k = 0 Then                           '在半径增长的过程中判断是否大于 100
      If r < 100 Then r = r + 1 Else k = 1
    Else                                    '在半径减少的过程中判断是否小于 10
      If r > 10 Then Picture1. Cls : r = r - 1 Else k = 0
  End If
  Picture1. Circle (0, 0), r
End Sub
```

实验 3.　编程，单击图片框后，用 PSet 方法在图片框中绘制正弦函数曲线。界面设计和运行结果显示如图 6-7 所示。

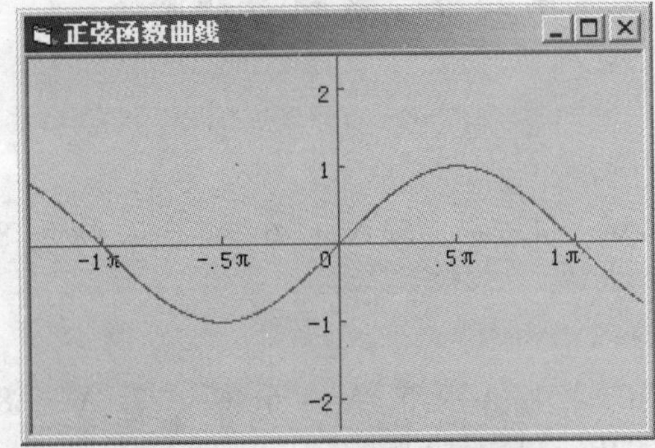

图 6-7　实验 3 的界面设计和运行结果

提示

★ 建立一个充满窗体的图片框控件。

★ 下列语句可供参考：

```
PI = 3.141593
Picture1.Scale (-1.5 * PI, 2.5) - (1.5 * PI, -2.5)      '更改图片框坐标系
For x = -1.5 * PI To 1.5 * PI Step 0.001                '绘制曲线
    Picture1.PSet (x, Sin(x)), RGB(0, 0, 255)
Next x
```

实验4. 编程，界面设计和程序运行情况如图6－8所示。其中，3个水平滚动条（前两个的Min属性设置为－360，Max属性设置为360；第三个的Min属性设置为1，Max属性设置为100）。当拖动滑块或使滚动条的值发生改变时，即时在图片框上画出以3个滚动条的值为起始角度、终止角度和纵横比的圆（弧）或椭圆（弧）。

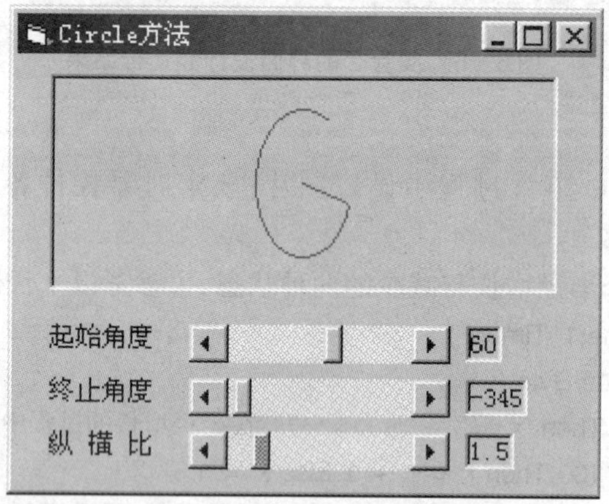

图6－8 实验4的界面设计和程序运行情况

提示

★ 滚动条的Value、Max等属性值只能取整数值，因此控件Label6所显示的纵横比应取值为“HScroll3. Value / 10”。

第四节 教材习题解答

一、判断题

1. √ 2. × 3. √ 4. × 5. √ 6. × 7. × 8. √ 9. √ 10. √

二、选择题

1. C 2. B 3. C 4. A 5. A 6. C 7. A 8. C 9. C 10. B
11. A 12. B 13. B 14. C 15. C

三、填空题

1. Circle(ScaleLeft + ScaleWidth/2, ScaleTop + ScaleHeight/2),800

2. LoadPicture　　3. AutoSize、Stretch、False、false　　4. 选中、属性

5. 形状、矩形　　6. Picture1. Picture = LoadPicture("c: \windows\cloud. bmp")

7. 图片框、其他控件　　8. 缇、ScaleMord　　9. 颜色

10. 颜色、圆弧起点处转角、圆弧终点处转角、椭圆纵轴与横轴长度之比

四、程序阅读题

程序1. 转动绘制红色直线,其轨迹形成一个圆

程序2. 在窗体上随机的位置、用随机的颜色、半径绘制100个空心的圆

程序3. 在图片框内绘制多个蓝色边框的矩形,填充样式在"实心"、"透明"间交替变换

程序4. 在图片框内绘制一个内接椭圆,红色边框、蓝色填充

五、程序填空题

1. (1) List2. AddItem Str(i)　　(2) Shape1. Shape　　(3) List2. ListIndex

2. (1) 1　　(2) B　　(3) -Step(80, 0)

   (4) P1. DrawStyle

3. (1) 0　　(2) ScaleWidth / 2　　(3) ScaleHeight / ScaleWidth

4. (1) Long　　(2) P1. Point(a, b)　　(3) P2. ScaleWidth - a

六、程序设计题

1. 程序代码如下:

```
Private Sub Form_Load( )
  Dim i As Byte
  List1.Clear
  For i = 1 To 7 : List1.AddItem i : Next i
End Sub
Private Sub Form_MouseMove(Button As Integer, _
      Shift As Integer, X As Single, Y As Single)
  Label1.Caption = X : Label2.Caption = Y
End Sub
Private Sub List1_Click( )
  Form1.ScaleMode = List1.Text
End Sub
```

2. 程序代码如下:

```
Dim x1 As Single, y1 As Single
Private Sub Form_Load( )
  Form1.ScaleMode = 3 : Form1.ForeColor = RGB(255, 0, 0)
  Form1.FillColor = RGB(0, 0, 255): Form1.FillStyle = 0
End Sub
Private Sub Form_MouseDown(Button As Integer, _
      Shift As Integer, X As Single, Y As Single)
```

```
  x1 = X : y1 = Y
End Sub
Private Sub Form_MouseUp(Button As Integer, _
     Shift As Integer, X As Single, Y As Single)
  Line (x1, y1) - (X, Y), , B
End Sub
```

3. 程序代码如下：

```
Private Sub Form_Click( )
  Dim r As Single
  Form1.ScaleMode = 6 : Form1.FillStyle = 0
  If Form1.ScaleHeight <= Form1.ScaleWidth Then
    r = Form1.ScaleHeight / 3
  Else
    r = Form1.ScaleWidth / 3
  End If
  Form1.DrawWidth = 2 : Form1.FillColor = vbBlue
  Form1.Circle (Form1.ScaleLeft + Form1.ScaleWidth / 2, _
      Form1.ScaleTop + Form1.ScaleHeight / 2), r, vbYellow
End Sub
```

4. 程序代码如下：

```
Private Sub Command1_Click( )
  Dim x As Single, y As Single, c As Long
  Dim r As Byte, g As Byte, b As Byte
  Picture1.ScaleMode = 3
  For x = Picture1.ScaleLeft To Picture1.ScaleLeft + Picture1.ScaleWidth
    For y = Picture1.ScaleTop To Picture1.ScaleTop + Picture1.ScaleHeight
      c = Picture1.Point(x, y)
      If c >= 0 Then
        r = c Mod 256 : g = (c \ 256) Mod 256 : b = (c \ 256 \ 256) Mod 256
        Picture1.PSet (x, y), RGB(r / 2, g / 3, b / 4)
      End If
    Next y
  Next x
End Sub
```

5. 程序代码如下：

```
Dim x As Integer
Private Sub Form_Load( )
  P1.Width = P1.Height : P1.ScaleMode = 3
  P1.Scale ( - 10, 10) - (10, - 10)
  P1.DrawWidth = 2 : x = 90
  Timer1.Enabled = False
End Sub
```

```
Private Sub Command1_Click( )
  Timer1.Enabled = True
End Sub
Private Sub Timer1_Timer( )
  P1.PSet (8 *  Cos(x *  3.141593 / 180), 8 *  Sin(x *  3.141593 / 180)), vbRed
  x = x + 1
  If x > 450 Then Timer1.Enabled = False
End Sub
```

第七章　对话框和菜单程序设计

第一节　学 习 指 导

一、本章主要任务

1. 掌握自定义对话框的创建、显示及关闭
2. 掌握通用对话框(Common Dialog)的常用属性和方法的使用
3. 掌握菜单编辑器的使用

二、重点与难点

重点:
1. 通用对话框(Common Dialog)的常用属性和方法的使用
2. 菜单程序设计

难点:
1. 通用对话框(Common Dialog)的使用
2. 弹出式菜单设计及使用

三、要点概述与学习建议

1. 关于对话框与 ActiveX 控件

对话框通常是程序和用户进行交互的有效途径。自行定义的对话框,通常由框架、标签、文本框与命令按钮等控件组合而成。

Microsoft ActiveX 控件是由软件提供商开发的可重用的软件组件。使用 ActiveX 控件,可以提高程序开发效率,减轻程序员负担,并可在开发工具中加入特殊的功能。

ActiveX 控件的使用方法与标准控件一样,但首先应把需要使用的 ActiveX 控件添加到工具箱中。ActiveX 控件文件的类型名为 .ocx,一般情况下 ActiveX 控件被安装和注册在\Windows\System 或 System32 目录下。读者可以在上机时查看你所使用的计算机系统安装和注册的 ActiveX 控件的文件。通过相关帮助,了解其他 ActiveX 控件的使用。

通用对话框 Common Dialog 控件提供了一组基于 Windows 的标准对话框界面。这组对话框分别包括:打开、另存为、颜色、字体、打印和帮助对话框,但这些对话框仅仅用于返回信息,不能真正实现文件打开、保存、颜色设置、字体设置、打印等操作,如果想要实现这些功能必须通过编程解决。表 7-1 给出了 Common Dialog 控件的主要属性和方法。

表7－1 Common Dialog控件的主要属性和方法

对话框类型	主要属性	方法	备注
	Name、DialogTitle		各对话框的公共属性
打开	Action(=1),FileName,FileTitle,Filter,FilterIndex,InitDir	ShowOpen	
另存为	Action(=2),FileName,FileTitle,Filter,FilterIndex,InitDir,DefaultExt	ShowSave	
颜色	Action(=3),Color,DefaultExt	ShowColor	
字体	Action(=4),FlagsFontName,FontSize,Max,Min,FontBold,Color,DefaultExt	ShowFont	使用时须先设置Flags属性
打印	Action(=5),Copies,FromPage,ToPage	ShowPrinter	
帮助	Action(=6),HelpCommand	ShowHelp	

2. 菜单设计

菜单是Windows应用程序一个必不可少的组成元素,通过菜单对各种命令按功能进行分组,使用户能够更加方便、直观地访问这些命令。Windows应用程序一般为用户提供3种菜单:窗体控制菜单、下拉菜单与快捷菜单。

在Visual Basic中通过"菜单编辑器"能够非常方便、高效、直观地建立菜单,为有关菜单项编写事件过程,从而有效地组织和控制应用系统各功能模块的运行。

每一个菜单项就是一个控件,与其他控件一样,具有定义它的外观和行为的属性。在设计或运行时可设置Caption属性、Enabled属性、Visible属性和Checked属性等。

菜单控件只有唯一的Click事件,当用鼠标或键盘选中某个菜单控件时,将引发该事件。在下拉式菜单中,只编写最后一级菜单项的Click事件,即使编写了上一级菜单项的Click事件,运行时也不能被选中执行。

为了简化程序设计,通常将同一层菜单的几个或全部菜单项设计成菜单数组,如果使用菜单数组,则在菜单编辑器中输入菜单时必须设置索引值(设置Index属性)。

如何设计界面美观、便于操作的应用程序,需要开发者根据程序和要求,设计适当的窗口界面和菜单结构。

第二节 实验指导

实例1. 编程,建立1个命令按钮,用于打开1个Windows应用程序。如打开"画图"、"计算器"、"日历"等。

(1) 界面设计。在窗体上建立通用对话框控件CommonDialog1,该控件运行时不可见,因此在窗体上的位置无关紧要。再建立2个命令按钮,如图7－1所示。

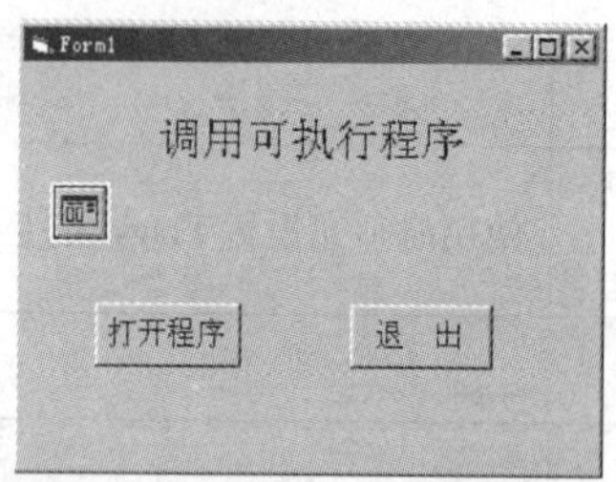

图 7－1 实例 1 的界面设计

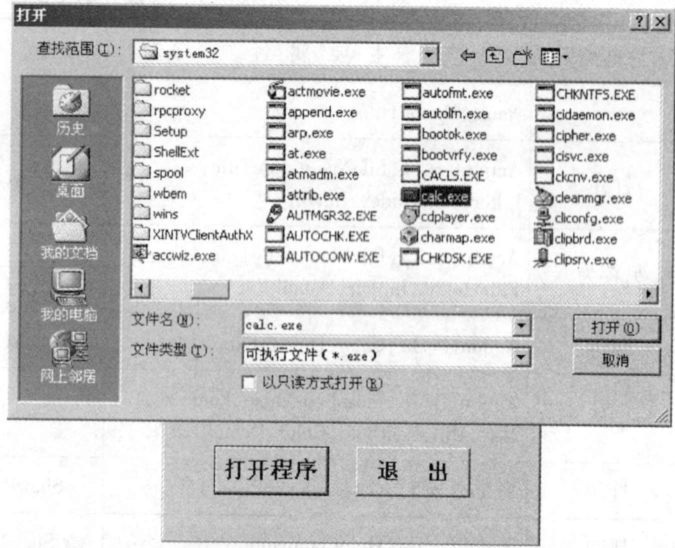

图 7－2 “打开程序”对话框

（2）过程设计。

```
Private Sub Command1_Click( )
    CommonDialog1. Filter = "所有文件(* . * )|* . * |可执行文件(* . exe)|* . exe "
    '设置过滤器属性
    CommonDialog1. Action = 1                  '调用打开文件对话框
    Call Shell(CommonDialog1. FileName)        '执行所选择的文件
End Sub
Private Sub Command2_Click( )
    End
End Sub
```

（3）调试运行。运行时单击“打开程序”按钮，则显示如图 7－2 所示的对话框。若选择 Windows 文件夹中的 Calc. exe 文件后，CommonDialog1 控件的 FileName 属性被所选文件的文件全名所替代，CallShell 语句可以调出计算器程序执行，关闭后回到 Visual Basic 运行窗口。

讨论与思考

★ 因设置了 CommonDialog1 控件的 Filter 属性为：

"所有文件(＊. ＊)|＊. ＊|可执行文件(＊. exe)|＊. exe "

所以在“文件类型：”组合框中，可选择“可执行文件(＊. exe)”选项，则“打开”对话框中只显示文件夹和扩展名为 exe 的文件，过滤其他类型的文件。

★ 在此，还可以选择 Winword. exe 进入 Word，或打开“画图”、“计算器”等执行文件。是否可以用 CallShell 调用其他非执行文件？如果打开的是一个扩展名为 bmp 的图形文件，应如何显示该图像？

实例 2. 在图片框控件 P1 居中位置用不同的填充色画一个与图片框内切的椭圆，填充色通过一个通用对话框选取。

（1）界面设计。如图 7－3 所示。

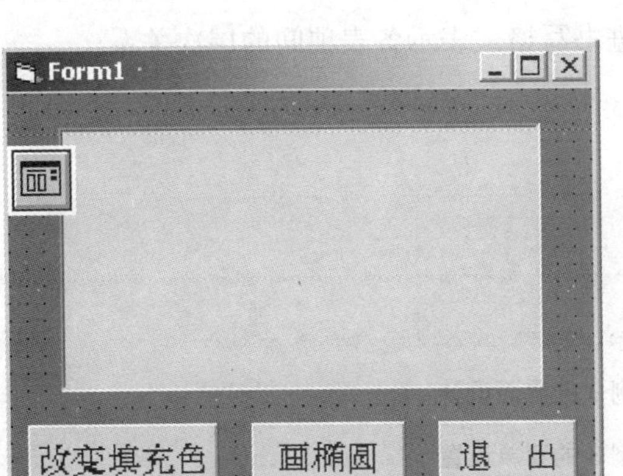

图 7-3 实例 2 的界面设计

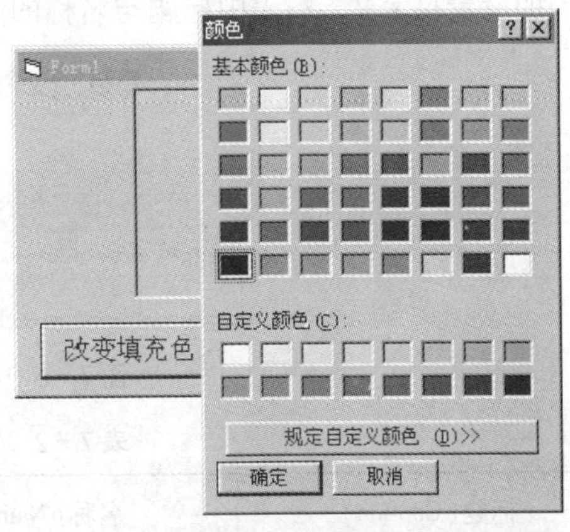

图 7-4 实例 2 的打开"颜色"对话框

(2) 过程设计。

```
Private Sub Command1_Click( )
  CommonDialog1. Action = 3                    '打开"颜色"对话框
  P1. FillColor = CommonDialog1. Color
End Sub
Private Sub Command2_Click( )
  P1. FillStyle = 0
  If P1. ScaleHeight < P1. ScaleWidth Then
      P1. Circle (P1. ScaleLeft + P1. ScaleWidth/2,P1. ScaleTop + P1. ScaleHeight/2), _
            P1. ScaleWidth/2,,,,P1. ScaleHeight/P1. ScaleWidth
  Else
      P1. Circle(P1. ScaleLeft + P1. ScaleWidth/2,P1. ScaleTop + P1. ScaleHeight/2), _
            P1. ScaleHeight/2,,,,P1. ScaleHeight/P1. ScaleWidth
  End If
End Sub
Private Sub Command3_Click( )
  End
End Sub
```

(3) 调试运行。运行时,单击"改变填充色"按钮,显示如图 7-4 所示的对话框,决定图片框中图形的填充色。此后,单击"画椭圆"按钮在图片框中所绘制的椭圆,就是以所选颜色作为内部填充色。

讨论与思考

★ 程序中使用了若干算式表示图片框中心点坐标、圆的半径,如果重新设置图片框的坐标系,是否可以使程序简化?

实例 3. 设计弹出式菜单,在图片框中绘制三角函数曲线,并可在图片框左上角区域显示三角函数名称,文字格式可设置。

(1) 界面设计。在窗体上添加一个图片框 Picture1,一个通用对话框 CommonDialog1(如图 7-5 所示),将图片框的 Align 属性设置为 1 - Align Top,AutoRedraw 属性设置为 True。菜单项的设置见表 7－2，表中标题与名称的缩进书写格式表示各表项间的层次关系。

图 7－5　实例 3 的界面设计

表 7－2　实例 3 的菜单设置

标题(Caption)	名称(Name)	索引(Index)	Visible
菜　单	cd		False
三角函数	… sanjiao		True
sin(x)	…… hs	0	True
cos(x)	…… hs	1	True
显示文字	… ziti		True
清除	… qingchu		True

一定要将主菜单项"菜单"的 Visible 属性设置为 False，使其(包括其各级子菜单)不可见。否则，不是弹出式的菜单而是下拉式菜单。

(2) 过程设计。

```
Const pi = 3.14159
Private Sub zuobiaoxi( )
    Dim X As Single, Y As Single, xt As Single, yt As Single, st As Single
    Picture1.Cls
    Picture1.Height = Me.ScaleHeight
    Picture1.ScaleMode = 6
    X = Picture1.ScaleWidth / 2
    Y = Picture1.ScaleHeight / 2                    '以下两行画坐标轴
    Picture1.Line (X, Picture1.Top) - (X, Picture1.ScaleHeight), RGB(255, 0, 0)
    Picture1.Line (0, Y) - (Picture1.ScaleWidth, Y), RGB(255, 0, 0)
    Picture1.CurrentX = X - 4                       '确定坐标原点值"0"的输出位置
    Picture1.CurrentY = Y + 0.5
    Picture1.Print 0                                '输出坐标原点 0
    For xt = - Int(X) To Int(X) Step 0.5            '画 X 轴
        If xt < > 0 Then
            st = xt * 10 * pi
            Picture1.CurrentX = X + st - 3
            Picture1.CurrentY = Y + 0.5
```

```
            Picture1. Print xt & "π"              '画 X 轴的刻度
            Picture1. Line (X + st, Y - 1) - (X + st, Y),RGB(255, 0, 0)
        End If
    Next xt
    For yt = - 2 To 2                             '画 Y 轴
        If yt < > 0 Then
            st = yt * 10
            Picture1. CurrentX = X - 4
            Picture1. CurrentY = Y + st - 1
            Picture1. Print - yt                  '画 Y 轴的刻度
            Picture1. Line (X, Y + st) - (X + 1, Y + st), RGB(255, 0, 0)
        End If
    Next yt
End Sub
Private Sub Picture1_MouseDown(Button As Integer, _
            Shift As Integer, X As Single, Y As Single)
    If Button = 2 Then PopupMenu cd, 6            '图片框上按右键显示弹出式菜单
End Sub
Private Sub hs_Click(Index As Integer)
    Select Case Index
        Case 0
            Call zuobiaoxi                        '画坐标系
            X = Picture1. ScaleWidth / 2
            Y = Picture1. ScaleHeight / 2
            For t = - X To X Step 0. 01           '画正弦曲线
                xt = 10 * t
                yt = 10 * Sin(t)
                Picture1. PSet (X + xt, Y - yt), RGB(0, 127, 127)
            Next t
        Case 1
            Call zuobiaoxi                        '画坐标系
            X = Picture1. ScaleWidth / 2
            Y = Picture1. ScaleHeight / 2
            For t = - X To X Step 0. 01           '画余弦曲线
                xt = 10 * t
                yt = 10 * Cos(t)
                Picture1. PSet (X + xt, Y - yt), RGB(0, 127, 127)
            Next t
    End Select
End Sub
Private Sub qingchu_Click( )
    Picture1. Cls
```

```
End Sub
Private Sub ziti_Click( )
    CommonDialog1. Flags = 259    '设置对话框中包含显示、打印字体以及颜色等选项
    CommonDialog1. FontName =   "宋体 "
    CommonDialog1. ShowFont
    With Picture1
        . FontName = CommonDialog1. FontName
        . FontBold = CommonDialog1. FontBold
        . FontItalic = CommonDialog1. FontItalic
        . FontSize = CommonDialog1. FontSize
        . FontStrikethru = CommonDialog1. FontStrikethru
        . FontUnderline = CommonDialog1. FontUnderline
        . ForeColor = CommonDialog1. Color
    End With
    Picture1. CurrentX = 0
    Picture1. CurrentY = 0
    Picture1. Print hs(Index). Caption & ": "
End Sub
```

(3) 运行调试。运行时,右击图片框,在弹出式菜单中选择三角函数中的sin(x)或cos(x),则画出相应的曲线。选择“显示文字”菜单可进行格式设置,将设置后的文字显示在图片框的左上角,如图7-6所示。

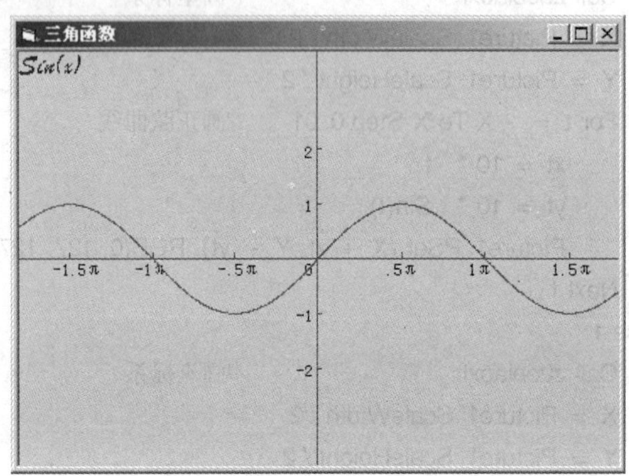

图7-6　实例3的运行结果

讨论与思考

★ 弹出式与下拉式菜单,在菜单设计时的主要区别是什么?

★ 请注意程序中语句“With Picture1”与“End With”的用法,这种做法是否适用于其他如文本框、通用对话框一类的控件?

第三节　实 验 内 容

实验1.　编程,界面设计如图7-7所示。单击“加载图形文件”按钮可在图片框中加载所选择的图形文件,单击“执行应用程序”按钮执行所选择的应用程序。

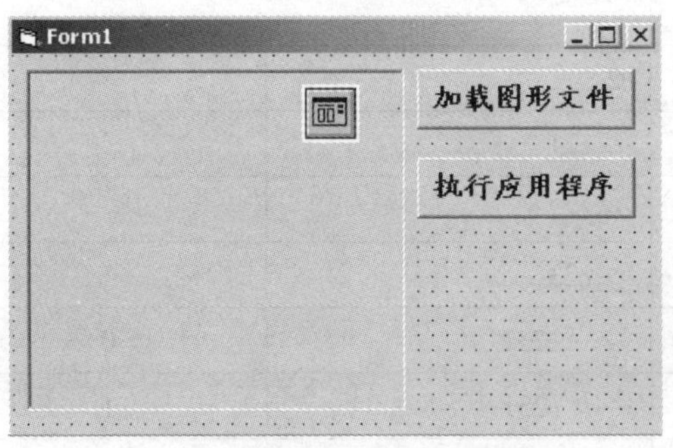

图7-7　实验1的界面设计

提示

★ 可以用下列语句设定,在调用控件CommonDialog1后显示的“打开文件”对话框中,除了文件夹以外,只能够显示扩展名分别为bmp、ico、wmf的文件。

CommonDialog1. Filter = "位图文件| *. bmp|图标文件| *. ico|图元文件| *. wmf "

★ 应设法在单击“执行应用程序”的按钮后对话框中只显示扩展名为exe的文件。在选择了某执行文件后,下列语句可以执行该文件(如Windows组件“画图”、“记事本”、“计算器”等或其他应用程序,如Winword等)。

Call Shell(CommonDialog1. FileName)

实验2.　编程,用菜单命令控制形状控件的形状、填充(包括填充色、填充样式)、移动(上、下、左、右移动,显示)和结束。

菜单设置如表7-3所示,表中标题与名称的缩进书写格式表示各表项间的层次关系。运行时的显示结果如图7-8所示。

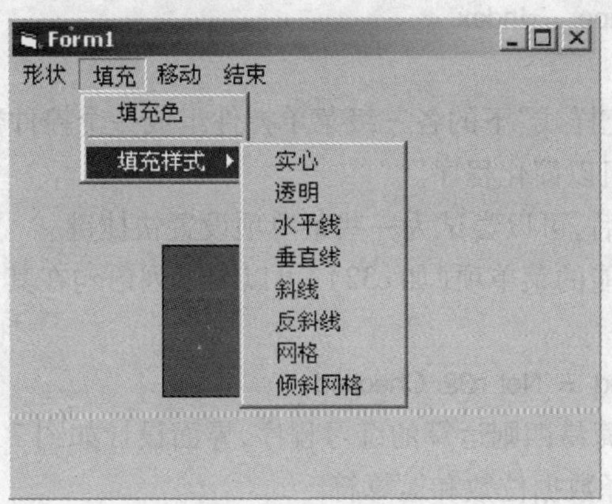

图7-8　实验2的运行结果

表 7-3　实验 2 的菜单设置

标题(Caption)	名称(Name)	索引(Index)	复选(Checked)
形状	c1		False
矩形	… c11	0	False
正方形	… c11	1	False
…	…	…	False
填充	c2		False
填充色	… c21		False
-	… c22		False
填充样式	… c23		False
实心	…… c231	0	False
透明	…… c231	1	False
…	…	…	False
移动	c3		False
向上	… c31	0	False
向下	… c31	1	False
向左	… c31	2	False
向右	… c31	3	False
显示	… c32		True
结束	c4		False

提示

★ 在编辑菜单时,"形状"菜单项下的 6 个子菜单,可组成控件数组(不同标题如矩形、正方形、…,同名如 c11 但不同索引如 0、1、…、5),该控件数组的单击事件过程可参考下列程序。

```
Private Sub c11_Click(Index As Integer)
    Shape1. Shape = Index
End Sub
```

★ 可以考虑将"填充样式"下的各三级菜单控件组成一个控件数组、将"移动"下的各二级菜单控件组成控件数组以简化程序。

★ 各主要功能实现后,可以尝试为一些菜单项设置快捷键。

★ 设定具有复选功能的菜单项(如 c32),可以用下列语句在其 Click 事件中为其加上或清除复选标记:

```
c32. Checked = Not c32. Checked
```

实验 3.　编写一个简易四则运算的练习程序,界面设计如图 7-9 所示。要求:

(1) 通过菜单来选择数据位数和运算符。

(2) 每 10 道题为一个练习循环,完成后自动打分。

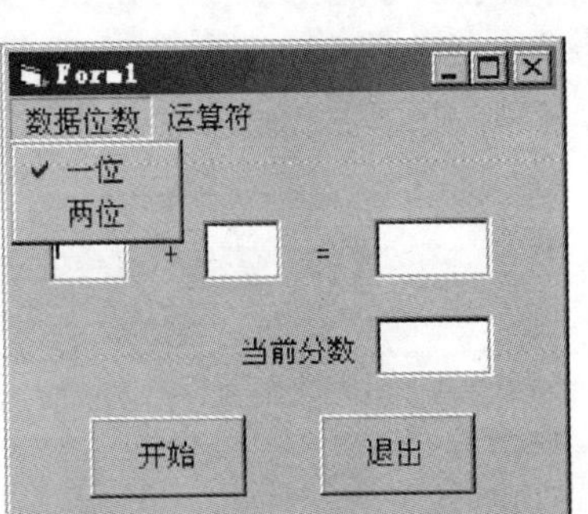

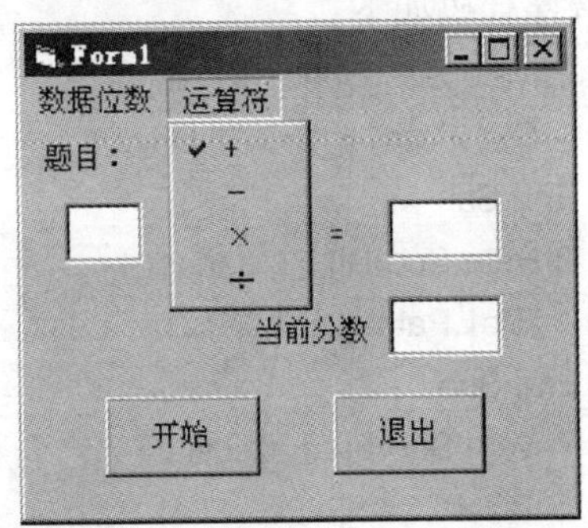

图7-9 实验3的界面设计

第四节 教材习题解答

一、判断题

1. √ 2. √ 3. √ 4. × 5. × 6. √ 7. √ 8. √ 9. √

二、选择题

1. D 2. A 3. C 4. C 5. B 6. D 7. B 8. D 9. B

三、填空题

1. 窗体控制菜单、下拉菜单、快捷菜单 2. ShowFont 3. Color
4. 工程、部件 5. Action = 1、ShowColor 6. Click
7. 工具 8. 代码窗口、Click 9. 相同、不小于0

四、程序阅读题

单击t11后连续闪烁5次显示系统当前日期,单击t12后连续闪烁5次显示系统当前时间。

五、程序填空题

1. (1) *.txt (2) 1 (3) FileName
2. (1) "*.doc; *.txt" (2) Drive (3) Change( ) (4) "\"

六、程序设计题

1. 程序代码如下：

```
Private Sub Command1_Click( )
    CommonDialog1.ShowOpen
    Label1.Caption = CommonDialog1.FileName
End Sub
```

2. 程序代码如下：

```
Private Sub Drive1_Change( )
  Dir1.Path = Drive1.Drive
End Sub
Private Sub Dir1_Change( )
  File1.Path = Dir1.Path
End Sub
Private Sub File1_Click( )
  Label1.Caption = File1.Path + File1.FileName
End Sub
```

3. 程序代码如下：

```
Private Sub Ex_Click( )
  End
End Sub
Private Sub fill_Click(Index As Integer)
  Shape1.FillStyle = Index + 2
End Sub
Private Sub FillC_Click( )
  CommonDialog1.ShowColor
  Shape1.FillColor = CommonDialog1.Color
End Sub
Private Sub sha_Click(Index As Integer)
  Shape1.Shape = Index
End Sub
```

第八章　文　　件

第一节　学习指导

一、本章主要任务

1. 掌握文件系统的基本概念
2. 掌握驱动器列表框、目录列表框、文件列表框 3 个文件系统控件的使用方法
3. 掌握文本文件的打开、读/写和关闭等基本操作
4. 掌握用顺序读写方式
5. 建立和修改文本文件的基本方法

二、重点与难点

重点：

1. 文件系统控件的使用
2. 顺序文件的操作：打开、读/写、关闭

难点：

随机文件的读写操作

三、要点概述与学习建议

1. Visual Basic 文件概念

前面各章中编写的应用程序，其数据都是通过文本框或 InputBox 对话框输入的，程序的运行结果是输出到窗体或其他可用于显示的控件上。如果要再次查看结果，就必须重新运行程序，并重新输入数据。如果退出应用程序或关闭计算机，相应的数据就会丢失，也不能重复使用这些数据。因此，为了保存这些数据以便修改和供其他程序使用，就必须将数据以文件的形式存放在外部介质（如磁盘）中。

Visual Basic 具有较强的文件处理能力，提供了文件系统控件和大量与文件管理有关的语句、函数，使用户既可以直接读写文件，又可以方便地访问文件。

按照文件的存储格式区分，有文本文件和二进制文件。文本文件按字符存储数据（如存储 Single 类型数据 16.327 需要 6 个字节，存储包括小数点在内的各个字符的 ASCII 码），因此可用普通的字处理软件（如记事本、写字版等）建立、查看和编辑文本文件。二进制文件按照数据的机内码存储数据（如存储 Single 类型数据 16.327 需要 4 个字节），二进制文件不可以用普通的字处理软件打开和显示，一般应编程（打开文件并执行读二进制文件的语句后，再作屏幕显示）实现。按文件的读取方式区分，主要有顺序读取和随机读取。使用顺序读取

文件的语句，操作简单，且同样可以实现对文件的修改、删除和插入数据的基本操作。

因此，教材中着重介绍对文本文件的顺序读写。

2. 文本文件的顺序读/写操作

（1）打开文件：Open 文件名 For 模式 As[#]文件号[Len = 记录长度]

（2）写语句：Print # <文件号>，[<输出列表>]

或 Write # <文件号>，[<输出列表>]

（3）读语句：Input # 文件号，[<记录号>]，变量名

或 Line Input # 文件号，[<记录号>]，变量名

（4）关闭文件。当结束读写操作以后，必须要将文件关闭，否则会造成数据丢失。因为实际上 Print # 或 Write # 语句是将数据送到缓冲区，关闭文件时才将缓冲区中数据全部写入文件。

关闭文件格式：Close [[#]文件号][，[#]文件号]……

Write #与 Print # 语句的区别。Write # 的功能基本上与 Print # 语句相同。不同的是，使用 Write # 语句，不管输出列表之间用什么符号分割，输出的数据项之间均以紧凑格式存放，并以“，”自动隔开，且自动给字符串加上双引号，分隔符不影响输出结果。而使用 Print # 语句，输出的数据项之间无分隔符，字符串不加引号。Write # 语句在将输出列表中的最后一个字符写入文件后会插入回车换行符。

如果写入文件的数据将来还要用 Input # 语句读出，在写数据时使用 Write # 语句，不要使用 Print # 语句。因为 Write # 语句自动地将各个数据域分隔开来，确保了每个数据域的完整性，保证了数据以后还能用 Input # 语句正确地读出。

3. 文件控件

Visual Basic 6.0 提供了两种用于文件操作的方式：一种是利用“打开/另存为”通用对话框。另一种是使用可直接浏览系统目录结构和文件的三个文件系统控件，即驱动器列表框(DriveListBox)“”、目录列表框(DirListBox)“”和文件列表框(FileListBox)“”。

在这三个控件的使用中需要注意以下几点：

（1）三个控件要实现联动，需要编写程序来完成。

（2）三个控件都具有许多与列表框相同的属性。

（3）文件列表框选取的文件可通过其 FileName 属性来得到，但它不包含盘符和路径，因此在编程使用选中的文件，还必须与其 Path 属性一道组合得到全文件名，这与通用对话框“打开/另存为”中选的文件不同，通用对话框的 FileName 属性返回的是包含盘符和路径的全文件名。

第二节 实 验 指 导

实例 1. 建立一个文本浏览器。窗体上放置驱动器列表框、目录列表框、文件列表框和 2 个文本框，要求：文件列表框能过滤文本文件；当单击某文本文件名后，在 Text1 显示文件全名，在 Text2 显示该文件内容；当双击某文本文件名后，调用记事本程序对文本文件进行编辑。

(1) 界面设计。界面如图 8-1 所示,各个控件的主要属性设置见表 8-1。

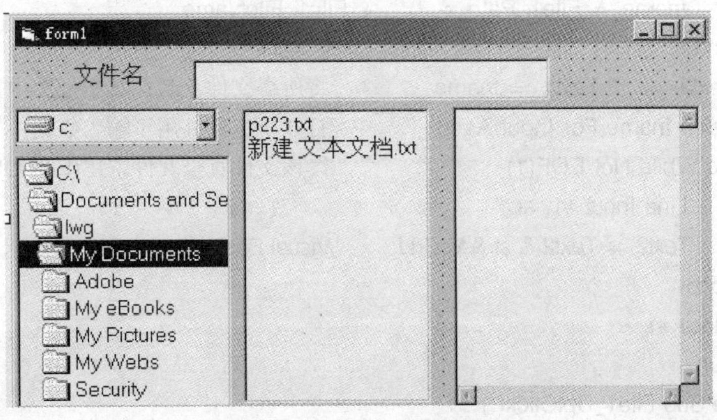

图 8-1 实例 1 的界面设计

表 8-1 实例 1 控件主要属性设置

控　　件	属性(属性值)	属性(属性值)	属性(属性值)
标签 1	Name(Label1)	Caption("文件名")	
驱动器列表框 1	Name(Drive1)		
目录列表框 1	Name(Dir1)		
文件列表框 1	Name(File1)	Pattern("*.txt")	
文本框 1	Name(Text1)	Text("")	
文本框 2	Name(Text2)	Text("")	Locked(True)
	Scrollbars(Both)	Mulitline(True)	

(2) 过程设计。

```
Option Explicit
Private Sub Form_Load( )
    File1. Pattern = "* . txt "    '设置在文件列表框中只显示扩展名为 txt 的文件
End Sub
Private Sub Drive1_Change( )
    Dir1. Path = Drive1. Drive    '当前驱动器改变后,目录列表框显示该驱动器下目录
End Sub
Private Sub Dir1_Change( )
    File1. Path = Dir1. Path    '在当前目录改变后,文件列表框则显示该目录下文件
End Sub
Private Sub File1_Click( )
    Dim fname As String,st As String
    If Right(File1. Path, 1) = "\ " Then    '构建包含路径的全文件名
        fname = File1. Path + File1. FileName
```

```
        Else                      '表示选定的是子目录,子目录与文件名之间加"\"
            fname = File1. Path + "\ " + File1. FileName
        End If
        Text2 = " ": Text1 = fname          '将所得文件全名在文本框 1 中显示
        Open fname For Input As #1          '打开所选文件用于输入数据
        Do While Not EOF(1)                 '读该文件直至文件末尾(End Of File)
            Line Input #1, st
            Text2 = Text2 & st & vbCrLf     'Visual Basic 常数 vbCrLf 等价于 Chr(13) + Chr(10)
        Loop
        Close #1
    End Sub
    Private Sub File1_DblClick( )
        Dim fname As String
        If Right(File1. Path, 1) = "\ " Then   '此处条件也可写成 Len(File1.Path) =3
            fname = File1. Path + File1. FileName
        Else
            fname = File1. Path + "\ " + File1. FileName
        End If
        Call Shell( " C:\WINNT\system32\notepad. exe " + " " + fname, 1)
    End Sub
```

（3）运行调试。运行时,驱动器、目录、文件列表框的显示同步(文件列表框中显示所选驱动器、目录下的文本文件)。单击某文本文件名,显示结果如图 8-2 所示。双击某文本文件名,将调用 Windows 的记事本编辑所选文本文件。

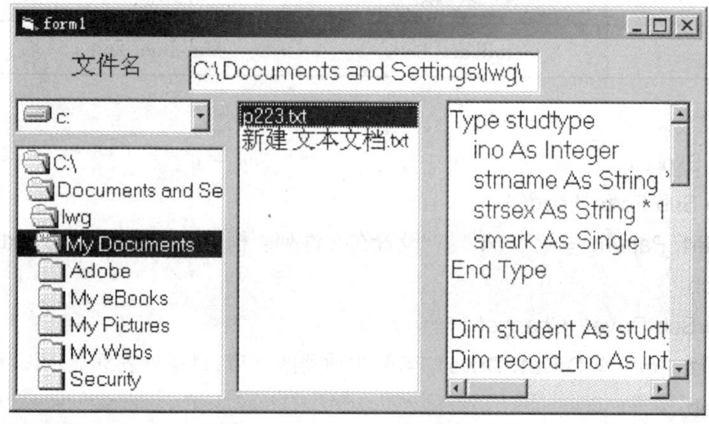

图 8-2 实例 1 的运行结果

讨论与思考

★ 驱动器、目录、文件列表框控件一般都联合使用,最终得到所选文件的全名,本实例提供了一种典型的使用方法,可供参考。

★ 如同 Visual Basic 预定义常数 VbRed 等价于 RGB(255,0,0),vbCrLf 则等价于 Chr(13) + Chr(10)。Visual Basic 的许多预定义常数,既便于记忆,也可以提高程序的可读性。

★ 如果 Windows 应用程序“记事本”的全名为 C:\WINNT\system32\notepad.exe,语句

```
Call Shell( "C:\WINNT\system32\notepad.exe " + " " + fname, 1)
```

可以调用记事本打开文本文件 fname 编辑,且该应用程序窗口为当前活动窗口。

实例 2. 编程,输出若干行(包括字符串和数字)到文本文件后,再从文件中读取并显示,要求读、写文件的格式正确。

(1) 界面设计。界面设计如图 8-3 所示,各个控件的主要属性设置见表 8-2。

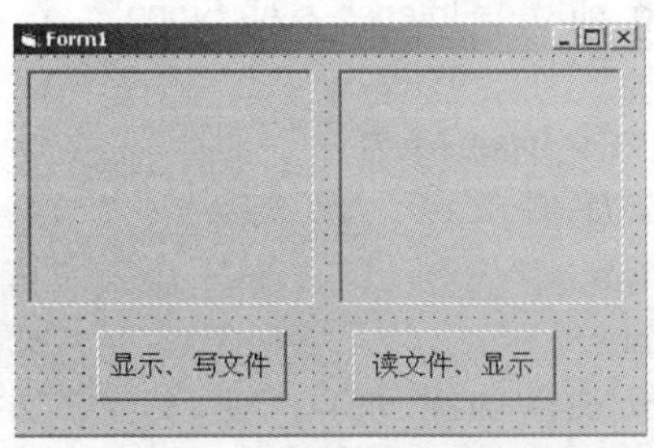

图 8-3 实例 2 的界面设计

表 8-2 实例 2 中控件主要属性设置

控 件	属性(属性值)	属性(属性值)
图片框 1	Name(Picture1)	
图片框 2	Name(Picture2)	
命令按钮 1	Name(Command1)	Caption("显示、写文件")
命令按钮 2	Name(Command2)	Caption("读文件、显示")

(2) 过程设计。为简化操作步骤,将需要写入文件的数据先赋值到数组中:按“显示、写文件”按钮则在图片框 1 中显示同时写入到文件中的数据,按“读文件、显示”按钮则从文件中读取数据并在图片框 2 中显示。

```
Option Explicit
Private Sub Form_Load( )
    Command2.Enabled = False           '在写文件操作后,才可以读文件
End Sub
Private Sub command1_Click( )           '显示、写文件
    Dim xm(4) As String, cj(4, 3) As Integer, i As Integer
    Picture1.Cls : Picture2.Cls
    xm(1) = "张三 ": cj(1, 1) = 75 : cj(1, 2) = 67 : cj(1, 3) = 88
    xm(2) = "李四 ": cj(2, 1) = 64 : cj(2, 2) = 78 : cj(2, 3) = 91
    xm(3) = "刘建江 ": cj(3, 1) = 52 : cj(3, 2) = 61 : cj(3, 3) = 63
    xm(4) = "伍晓欣 ": cj(4, 1) = 74 : cj(4, 2) = 77 : cj(4, 3) = 92
    Open " e:\ttt.txt " For Output As #1
    For i = 1 To 4
        Picture1.Print xm(i); cj(i, 1); cj(i, 2); cj(i, 3)
        Print #1, xm(i); cj(i, 1); cj(i, 2); cj(i, 3)          '选择 A
```

```
        'Write #1, xm(i); cj(i, 1); cj(i, 2); cj(i, 3)       '选择 B
    Next i
    Close #1
    Command2. Enabled = True
End Sub
Private Sub Command2_Click( )                               '读文件、显示
    Dim xm As String, cj(3) As Integer, s As String
    Picture2. Cls
    Open " e:\ttt. txt " For Input As #1
    Do While Not EOF(1)
        Line Input #1, s                                    '选择 X
        Picture2. Print s                                   '选择 X
        'Input #1, xm, cj(1), cj(2), cj(3)                  '选择 Y
        'Picture2. Print xm; cj(1); cj(2); cj(3)            '选择 Y
    Loop
    Close #1
End Sub
```

(3) 运行调试。运行时,单击"显示、写文件",显示如图 8-4(a)所示的结果。

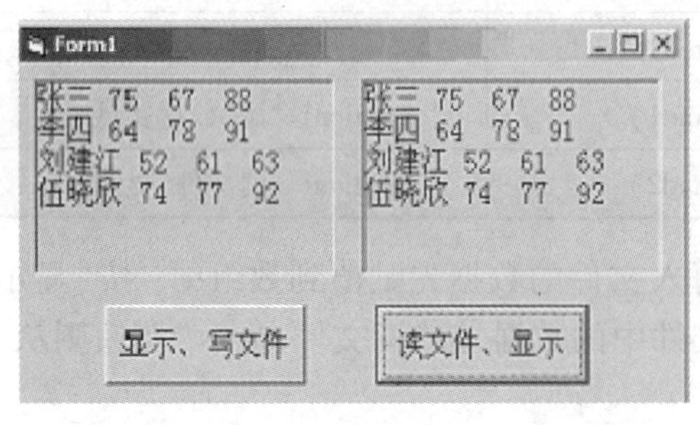

(a)

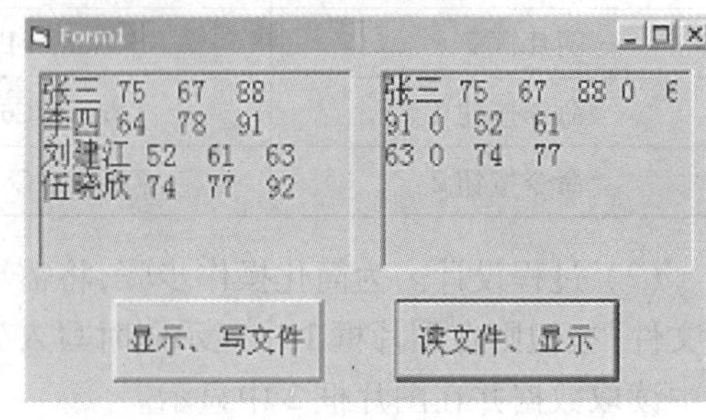

(b)

图 8-4 实例 2 的运行结果

讨论与思考

请注意程序的注释有"选择 A"、"选择 X"的语句,采用它们的不同组合运行程序,对运行结果分析如下:

★ "选择 A"与"选择 X"运行时的界面显示与打开文件 e: \ttt. txt 的编辑窗口显示完全一致,由于 Line Input 语句将文件中以换行符结束的一行读入到字符串中,需要用子串运算函数一段段提取出来并赋值到存放姓名、各科成绩的各个变量(如 xm = Left(s,1,4)等)。此外,对写文件的格式要求比较严格,为能够正确地分解为多个数据,各字段写入文件时要规定宽度。如:姓名需要 4 个汉字,各科成绩要求 3 个字符以上。

★ "选择 A"与"选择 Y"运行时的界面如图 8-4(b)所示,同时出现"实时错误"对话框,错误原因是由于语句"Input #1, xm, cj(1), cj(2), cj(3)"所致,读字符串变量一直读到文件末尾(读到逗号结束一个串的输入,而文件中没有逗号字符),"选择 A"与"选择 Y"的搭配是不可取的错误搭配。

★“选择 B”与“选择 X”运行时的界面如图 8-5(a)所示,在文本文件中写入的数据如图8-5(b)所示。可知,用 Write 语句向文件写数据时,不同数据间自动加逗号间隔,字符数据自动在两边加双引号。由于是以 Line Input 语句从文件输入到字符串,要得到分解后的各变量,仍然需要用子串运算提取。

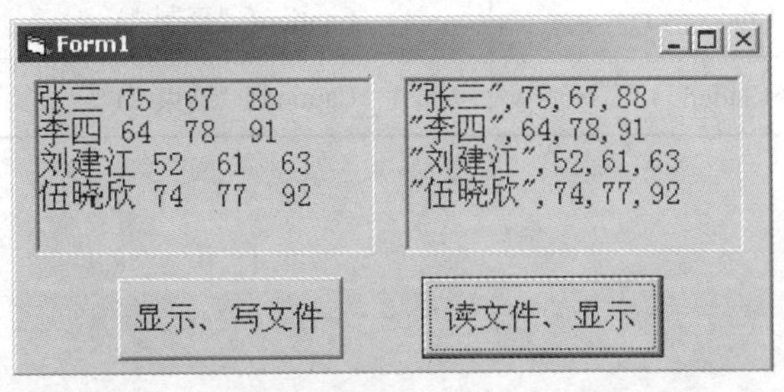

(a)

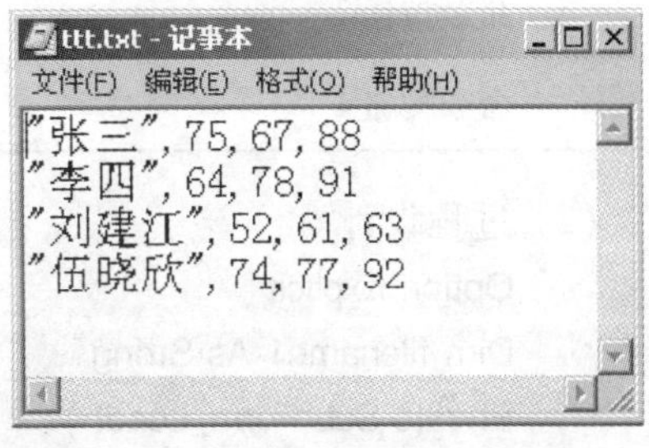

(b)

图 8-5　实例 2 的运行结果

★ 请读者去除程序中注释有“选择 B”与“选择 Y”语句前的注释标记,为注释有“选择 A”与“选择 X”语句加上注释标记。然后运行程序,判断:用 Write 语句输出不同类型的数据到文本文件,而用 Input 语句从文件读入,是否正确地选择?

实例 3.　编程,使用文件系统控件建立文件浏览窗口,实现文件浏览功能,并在标签中显示当前选中的文件全名,实现对选中文件的重命名、删除、复制操作。

(1) 界面设计。界面设计如图 8-6 所示,各个控件的属性设置见表 8-3。

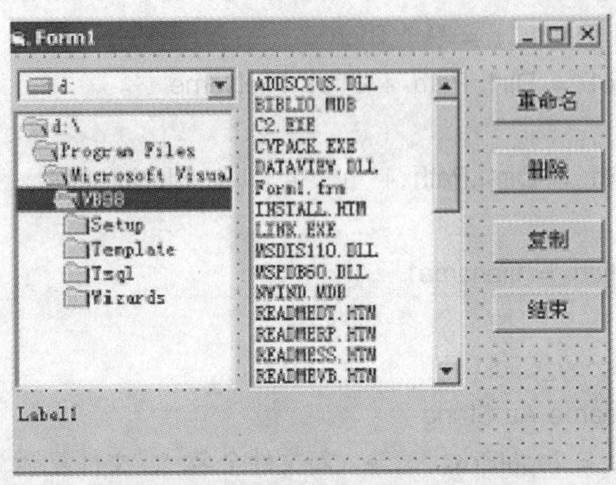

图 8-6　实例 3 的界面设计

表 8-3　实例 3 中控件主要属性设置

控　　件	属性(属性值)	属性(属性值)
标签 1	Name(Label1)	Caption(" ")
驱动器列表框 1	Name(Drive1)	
目录列表框 1	Name(Dir1)	
文件列表框 1	Name(File1)	
命令按钮 1	Name(Cmdrename)	Caption("重命名")

续表

控　件	属性(属性值)	属性(属性值)
命令按钮2	Name(Cmdkill)	Caption("删除")
命令按钮3	Name(Cmdcopy)	Caption("复制")
命令按钮4	Name(Cmdend)	Caption("结束")

(2) 过程设计。

```
Option Explicit
Dim filename1 As String
Private Sub Form_Load()
    Label1.Caption = ""
End Sub
Private Sub Dir1_Change()
    File1.Path = Dir1.Path
End Sub
Private Sub Drive1_Change()
    Dir1.Path = Drive1.Drive
End Sub
Private Sub File1_Click()
    If Right(Dir1.Path, 1) = "\" Then
        filename1 = Dir1.Path + File1.FileName
    Else
        filename1 = Dir1.Path + "\" + File1.FileName
    End If
    Label1.Caption = filename1
End Sub
Private Sub cmdcopy_Click()
    Dim newfilename As String
    newfilename = InputBox("请输入新文件全名:", "文件复制")
    FileCopy filename1, newfilename
    File1.Refresh                                    '文件列表框刷新,以便反映变化
End Sub
Private Sub cmdkill_Click()
    Dim answer As Integer
    answer = MsgBox("真的要删除吗?:", vbYesNo + vbExclamation, "删除文件")
    If answer = vbYes Then Kill filename1
    File1.Refresh
End Sub
Private Sub cmdrename_Click()
    Dim newfilename As String
```

```
        newfilename = InputBox( "请输入新文件名(全路径): ", "重命名 ")
        Name filename1 As newfilename
        File1. Refresh
    End Sub
    Private Sub cmdend_Click( )
        End
    End Sub
```

(3) 调试运行。运行时,首先单击文件列表框中的文件选中文件,然后按不同按钮可实现相应的功能。

讨论与思考

★ File1. Refresh 的作用是什么? 删除该语句后运行程序,删除和重命名的效果会不会马上出现?

第三节　实 验 内 容

实验 1.　编程,输入 10 个数后,将这 10 个数按升序排列后写入文本文件,并显示排序结果(要求自定义　个 Sub 过程来实现排序)。

提示

★ 单击"输入"按钮,输入 10 个数到数组(模块级)。

★ 单击"排序、保存"按钮,调用自定义过程对数组排序,并存入文本文件。

★ 单击"显示"按钮,从文本文件读入各个数,并顺序显示在列表框中。

实验 2.　编程,将文件 2 中数据追加到文件 1 后面,然后将文件 2 删除。

提示

★ 预先建立 2 个文本文件,并输入少量实验数据。

★ 用驱动器、目录、文件列表框选择文件 1。单击"输入"按钮后,调用打开文件对话框,选择文件 2。

★ 单击"合并"按钮,以 Append 方式打开文件 1,以 Input 方式打开文件 2。完成文件读、写后,删除文件 2。

实验 3.　统计某个文本文件中每个英文字母出现的次数(不区分大小写)。

提示

★ 用驱动器、目录、文件列表框或通用对话框选择文本文件。

★ 用有 26 个元素的整型数组顺序存放所统计各字母出现的次数,用标签控件或列表框控件显示统计结果。

实验 4.　设计应用程序,使用文件系统控件,在文本框中显示当前选中的带路径的文件名,也可直接输入路径和文件名;建立命令按钮,实现对指定文件的打开、保存和删除操作,界面如图 8－7 所示。

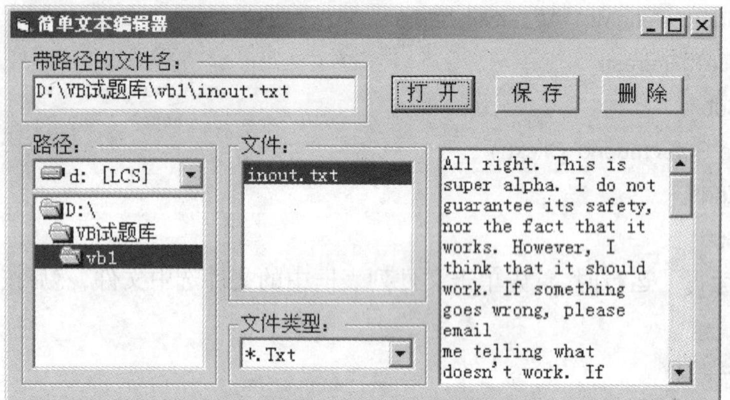

图 8-7 实验 4 的文件操作窗口

第四节 教材习题解答

一、判断题

1. √ 2. × 3. × 4. √ 5. √ 6. × 7. × 8. √ 9. × 10. √

二、选择题

1. C 2. C 3. B 4. D 5. B 6. C 7. B 8. A

三、填空题

1. 关闭文件 2. 不能 3. Write# 4. Close#

四、程序阅读题

程序 1.		程序 2.		程序 3.
y = 1	a = 1	NO. 1	3	36 25 16 9 4 1
y = 3	a = 2	NO. 2	4	程序 4. 25
y = 6	a = 3	NO. 3	7	64
y = 10	a = 4	NO. 4	11	8
		NO. 5	18	7

程序 5. 1 7 11 13 21 31 48 51

五、程序填空题

1. (1) Dim n As Integer (2) Commondialog1. FileName
   (3) Output As #1 (4) End
2. (1) Output (2) Eof(1)
   (3) 0 (4) " temp. dat " As " c1. txt "

3. (1) P1. ScaleMode = 6　　(2) y1 = y
   (3) vbYellow, B　　(4) Write #1, x1,y1,X,Y
4. (1) Input　　(2) Text1. Text
   (3) List1. ListIndex　　(4) Command4_Click
5. (1) Append　　(2) Not bz
   (3) Write #2, xm, xh,m, e　　(4) " temp " As " aaa. txt "

六、程序设计题

1. 程序代码如下：

```
Private Sub Command1_Click( )
  Dim i As Integer, j As Integer, a(4, 5) As Single, max As Single
  Open " aaa.txt " For Input As #1
  For i = 1 To 4
    For j = 1 To 4 : Input #1, a(i, j): Next j
  Next i
  Close #1
  Open " bbb.txt " For Output As #1
  For i = 1 To 4
    max = a(i, 1)
    For j = 2 To 4
      If Abs(a(i, j)) > Abs(max) Then max = a(i, j)
    Next j
    For j = 1 To 4
      a(i, j) = a(i, j) / max
      If j < 4 Then Write #1, a(i, j), Else Write #1, a(i, j)
    Next j
  Next i
  Close #1
End Sub
```

2. 程序代码如下：

```
Private Sub Command1_Click( )
  Dim xm As String,xh As String,c1 As Byte,k As Byte,c2 As Byte,c3 As Byte
  Open " score.txt " For Input As #1
  Open " bad.txt " For Output As #2 : Open " pass.txt " For Output As #3
  Do While Not EOF(1)
    Input #1, xm, xh, c1, c2, c3
    k = 0 : If c1 < = 60 Then k = k + 1
    If c2 < 60 Then k = k + 1
    If c3 < 60 Then k = k + 1
    If k < 2 Then Write #3,xm,xh,c1,c2,c3 Else Write #2,xm,xh,c1,c2,c3
  Loop
```

```
    Close
  End Sub
```

3. 程序代码如下：

```
  Private Sub Command1_Click( )
    Dim mc As String, lb As String, pp As String, sl As Integer
    Open " kucun.txt " For Input As #1
    Open " temp.txt " For Output As #2
    Do While Not EOF(1)
      Input #1, mc, lb, pp, sl
      If sl < > 0 Then Write #2, mc, lb, pp, sl
    Loop
    Close
    Kill " kucun.txt ": Name " temp.txt " As " kucun.txt "
  End Sub
```

4. 程序代码如下：

```
  Dim x1 As Single, y1 As Single, x2 As Single, y2 As Single, k As Byte
  Private Sub Command1_Click( )
    On Error GoTo pp
    Open " record.txt " For Input As #1
    Do While Not EOF(1)
      Input #1, k, x1, y1, x2, y2
      If k=1 Then P2.Line (x1,y1) - (x2,y2) Else P2.Line (x1,y1) - (x2,y2),,B
    Loop
    Close #1
    Exit Sub
  pp:  MsgBox "文件为空,请先在 P1 中绘制图形"
  End Sub
  Private Sub P1_MouseDown(Button As Integer, Shift As Integer, _
        X As Single, Y As Single)
    x1 = X : y1 = Y
  End Sub
  Private Sub P1_MouseUp(Button As Integer, Shift As Integer, _
        X As Single, Y As Single)
    Open " record.txt " For Append As #1             '记录形态和两个点的坐标
    If Option1.Value Then                             '1 -- 直线
      P1.Line (x1,y1) - (X,Y): Write #1,1,x1,y1,X,Y
    Else                                              '2 -- 矩形
      P1.Line (x1,y1) - (X,Y),,B : Write #1,2,x1,y1,X,Y
    End If
    Close #1
  End Sub
```

5. 程序代码如下：

```
Private Sub Command1_Click( )
  Dim i As Integer
  Open " bbb.txt " For Output As #1
  For i = 0 To List1.ListCount - 1
    If List1.Selected(i) Then Print #1, List1.List(i)
  Next i
  Close #1
End Sub
Private Sub Form_Load( )
  Dim name As String
  Open " aaa.txt " For Input As #1
  Do While Not EOF(1)
    Input #1, name : List1.AddItem name
  Loop
  Close #1
End Sub
```

第九章　数据库与数据访问技术

第一节　学 习 指 导

一、本章主要任务

1. 了解数据库的概念、相关术语和数据结构
2. 熟悉可视化数据管理器 VisData 的建立和维护数据库的方法
3. 掌握 Data 控件和 ADO Data 控件的基本用法
4. 熟悉 Visual Basic 进行数据访问的基本方式
5. 了解在 Visual Basic 中使用 SQL 语句的基本方式

二、重点与难点

重点：

1. 数据库的创建方法，数据访问技术
2. 数据访问控件（Data 控件、ADO Data 控件）和数据绑定控件的使用

难点：

1. Visual Basic 的数据访问技术
2. SQL 语言对数据库的浏览、添加、更新、删除和查询等操作

三、要点概述与学习建议

本章教材内容丰富，围绕数据访问技术、数据接口访问控件、数据绑定控件以及通过数据接口访问控件访问数据库和数据绑定控件的几个常用属性和方法，通过大量实用例题，由浅入深地介绍了数据库的建立、数据的访问、数据绑定控件实现对数据库的浏览、添加、更新、删除和查询等操作。

对于初学者，主要掌握数据库的一些基本概念和 Data 控件的使用就行了。但对于应用 Visual Basic 开发数据库管理系统，建议读者认真按照教材讲述的内容和本章实例 1 ~4，将一个简单的学生学籍管理系统调试完善。读者可以参考有关 Visual Basic 数据库编程的书籍，完成一个小型的学生学籍管理系统的设计。通过实例练习来掌握 Visual Basic 数据库应用程序设计。

下面几方面的内容，读者应了解与掌握。

(1) 数据库系统的有关概念和术语：数据库（DB）、数据库管理信息系统（DBMS）、数据库系统的特点，数据模型、字段（Field）、记录（Record）、表（Table）、主关键字（KeyWord）、关系操作等。

（2）数据库的创建：构架数据库表、建立数据库、编辑数据库信息。

（3）Visual Basic 的数据访问技术：数据访问接口，记录集、数据源。数据访问控件（Data 控件、ADO Data 控件）、数据绑定控件，结构化查询语言 SQL（主要为 Select 数据查询语句）。

第二节　实验指导

实例 1.　创建“学籍”数据库并构建其中的 3 个表文件“学生”、“课程”和“成绩”。

说明

本章用到的示例 Access 数据库，名称为“学籍 . mdb”，由“学生”表、“成绩”表和“课程”表组成，如图 9－1 ~ 图 9－3 所示。各表结构设计如表 9－1 ~ 表 9－3 所示。读者先建立该数据库，并在数据库的各个数据表中输入若干记录后，完成下列实验。

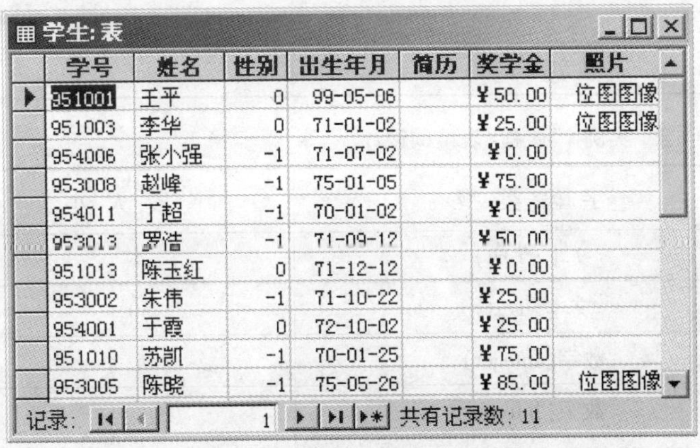

学生：表

学号	姓名	性别	出生年月	简历	奖学金	照片
951001	王平	0	99-05-06		¥50.00	位图图像
951003	李华	0	71-01-02		¥25.00	位图图像
954006	张小强	-1	71-07-02		¥0.00	
953008	赵峰	-1	75-01-05		¥75.00	
954011	丁超	-1	70-01-02		¥0.00	
953013	罗浩	-1	71-09-12		¥50.00	
951013	陈玉红	0	71-12-12		¥0.00	
953002	朱伟	-1	71-10-22		¥25.00	
954001	于霞	0	72-10-02		¥25.00	
951010	苏凯	-1	70-01-25		¥75.00	
953005	陈晓	-1	75-05-26		¥85.00	位图图像

记录：1　共有记录数：11

图 9－1　实例 1 的“学生”表

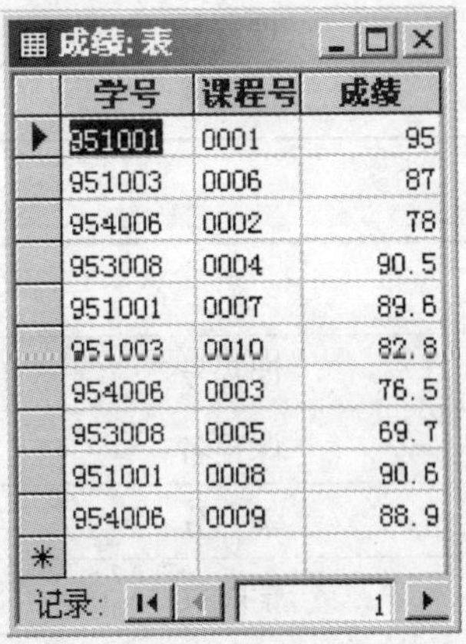

成绩：表

学号	课程号	成绩
951001	0001	95
951003	0006	87
954006	0002	78
953008	0004	90.5
951001	0007	89.6
951003	0010	82.8
954006	0003	76.5
953008	0005	69.7
951001	0008	90.6
954006	0009	88.9

记录：1

图 9－2　实例 1 的“成绩”表

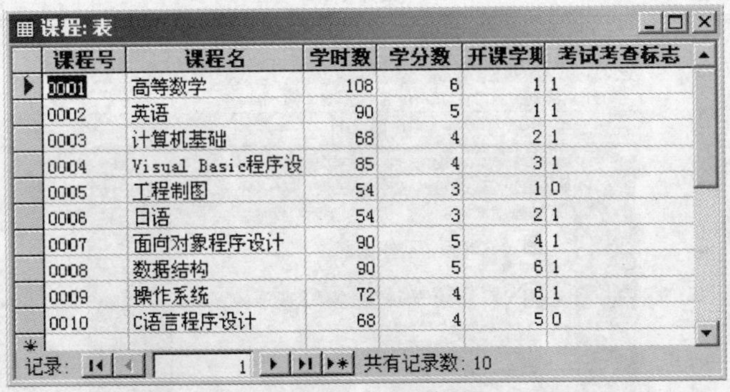

课程：表

课程号	课程名	学时数	学分数	开课学期	考试考查标志
0001	高等数学	108	6	1	1
0002	英语	90	5	1	1
0003	计算机基础	68	4	2	1
0004	Visual Basic程序设	85	4	3	1
0005	工程制图	54	3	1	0
0006	日语	54	3	2	1
0007	面向对象程序设计	90	5	4	1
0008	数据结构	90	5	6	1
0009	操作系统	72	4	6	1
0010	C语言程序设计	68	4	5	0

记录：1　共有记录数：10

图 9－3　实例 1 的“课程”表

表 9－1　实例 1“学生”表结构设计

字段名	字段类型	字段大小
学号	文本（Text）	6
姓名	文本（Text）	10

续表

字 段 名	字 段 类 型	字 段 大 小
性 别	是/否(Boolean)	
出生日期	日期/时间(Date/Time)	
奖学金	货币(Currency)	
简 历	备注(Memo)	
照 片	OLE 对象(Binary)	

表 9-2 实例 1“成绩”表结构设计

字 段 名	字 段 类 型	字 段 大 小
学 号	文本(Text)	6
课程号	文本(Text)	4
成 绩	数字(Single)	

表 9-3 实例 1“课程”表结构设计

字 段 名	字 段 类 型	字 段 大 小
课程号	文本(Text)	4
课程名	文本(Text)	30
学 分	数字(Integer)	
学时数	数字(Integer)	
开课学期	数字(Integer)	
考试考查标志	文本(Text)	1

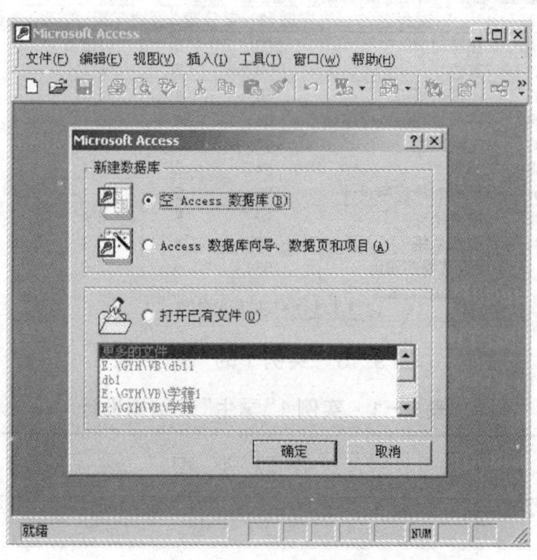

图 9-4 “新建 Access 数据库”对话框

(1) 方法一：在 Microsoft Access 2000 环境中创建数据库。

① 在 Windows“开始”菜单的“程序”选项中选择“Microsoft Access”，在 Access 窗口中的“新建数据库”对话框内选择“空 Access 数据库”，如图 9－4 所示。

在第一次启动 Microsoft Access 2000 时，系统将自动显示对话框，如果已经打开了数据库或当 Microsoft Access 打开时显示的对话框已经关闭，可以单击工具栏上的“新建数据库”按钮，然后双击“常用”选项卡上的空数据库图标。

② 按“确定”按钮后，出现如图 9－5 所示“文件新建数据库”对话框，用户应确定新建数据库文件的保存位置、文件名和保存类型。

如图 9－5 表示新建数据库文件为 E: \GYH\VB\学籍 . mdb，文件类型选择“ ＊. mdb”表示所创建的文件是 Access 数据库文件。

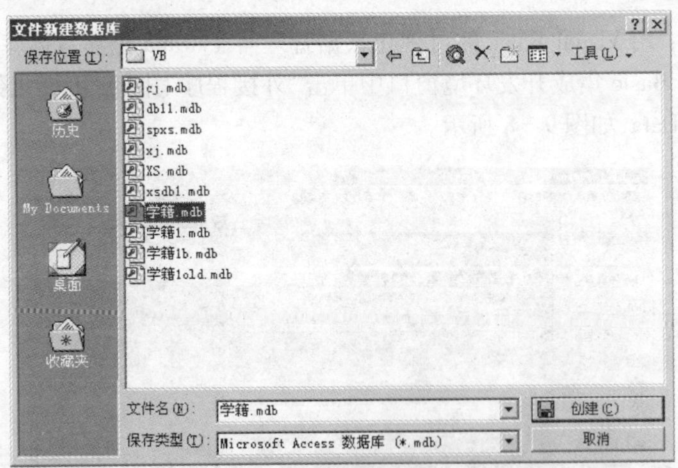

图 9－5 “文件新建数据库”对话框

③ 按“创建”按钮，出现如图 9－6 所示“数据库”窗口(左图)，此后，需要进一步定义其所包含的各个数据表。

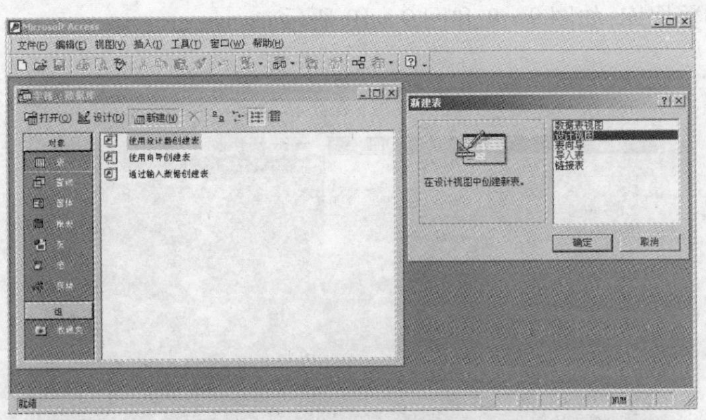

图 9－6 “数据库”窗口

④ 使用 Microsoft Access 2000 创建的数据库，在当前的 Visual Basic 6.0 环境中不能使用，需要将其转换为较低版本的 Access 数据库。在 Access 窗口中选择“工具”→“数据库实用工具”→“转换数据库”→“到早期 Access 数据库版本”即可完成转换，如图 9－7 所示。

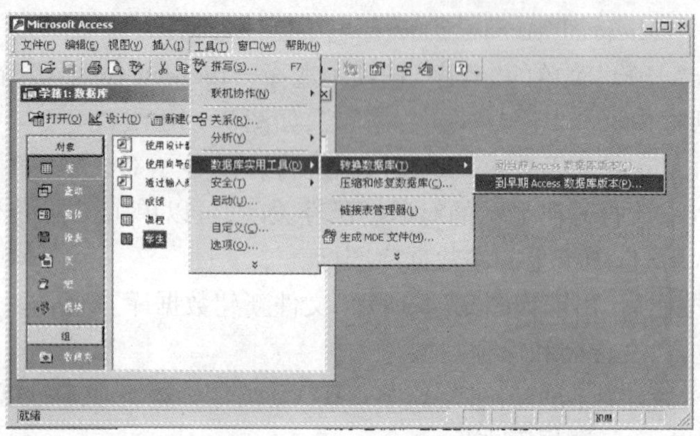

图 9－7　转换 Access 数据库为较低的版本

(2) 方法二：用 Visual Basic 的可视化数据管理器 VisData 创建数据库。

① 在 Visual Basic 集成开发环境窗口中单击“外接程序”中的“可视化数据管理器”菜单项，可以启动 VisData，如图 9－8 所示。

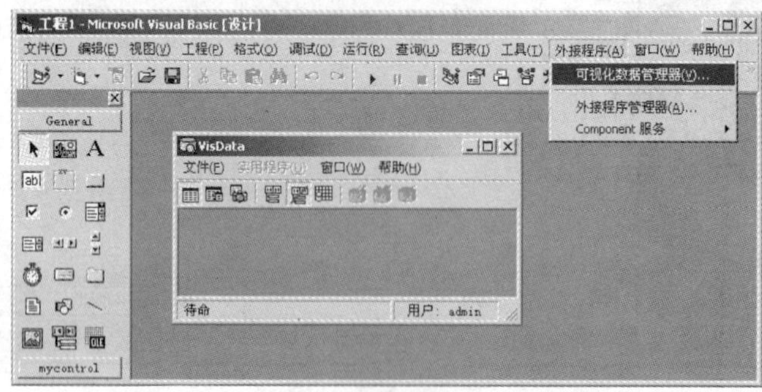

图 9－8　Visual Basic 6.0 的可视化数据管理器 VisData

② 单击 VisData 窗口的“文件”→“新建”→“Microsoft Access”→“Version 7.0 MDB”菜单项，在出现的“保存”对话框中输入新建数据库文件名，然后单击“确定”按钮，VisData 便创建并打开相应的数据库，如图 9－9 和图 9－10 所示。

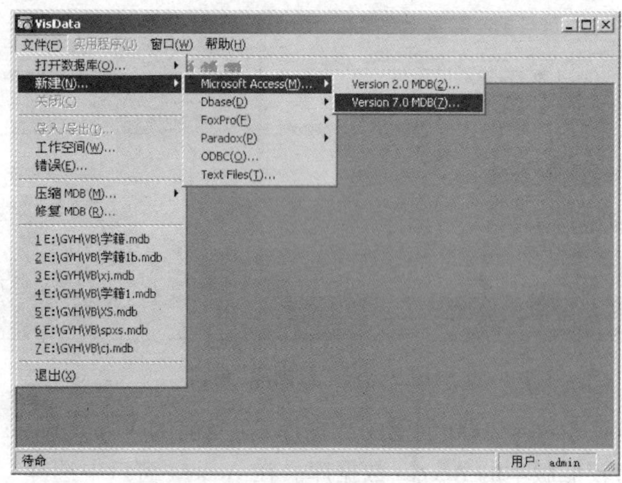

图 9－9　新建的数据库菜单项

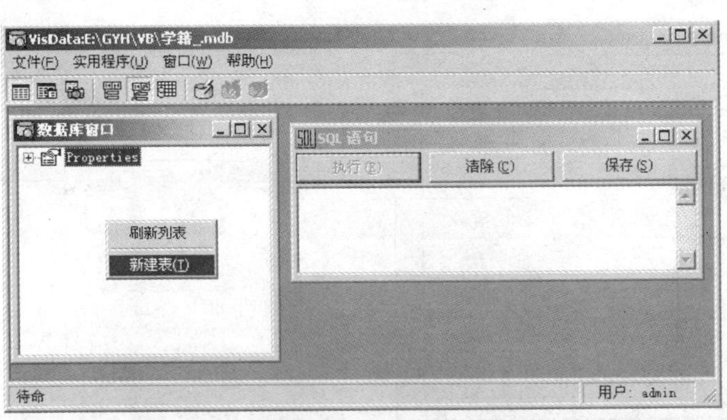

图 9－10 创建好的数据库 E:\GYH\VB\学籍 . mdb

③ 在如图 9－10 所示的数据库窗口中单击右键，在弹出的快捷菜单上单击“新建表”，打开“表结构”对话框，在“表名称”文本框中输入表的名称（如学生），单击“添加字段”按钮，出现“添加字段”对话框，如图 9－11 所示。

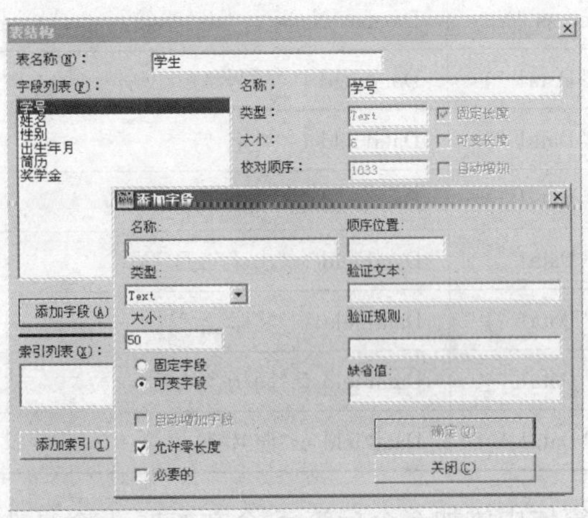

图 9－11 表设计窗口

实例 2. 选用 Data 控件，设计一个对“学籍”数据库中的表文件“学生”中的记录进行浏览（随意翻动记录）、添加、删除和修改的应用程序。具体运行界面如图 9－12 ~ 图 9－14 所示。

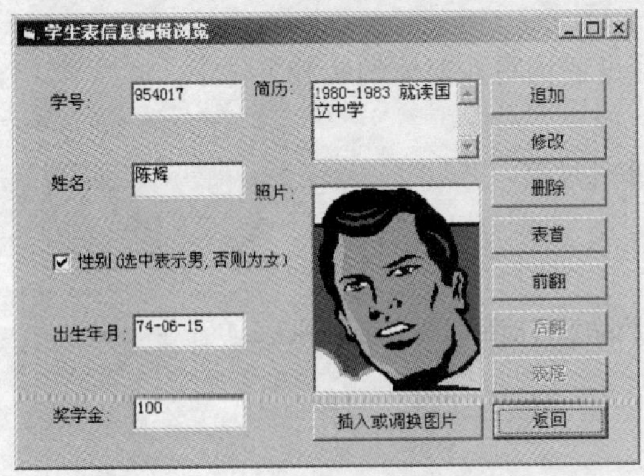

图 9－12 翻到首记录的运行界面

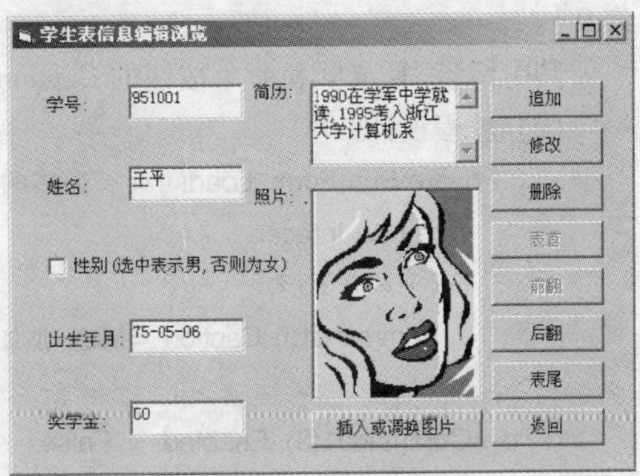

图 9－13 翻到末记录的运行界面

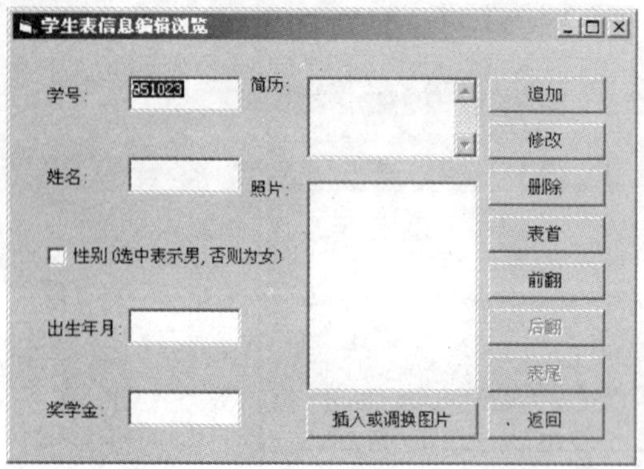

图 9-14　追加新记录的运行界面

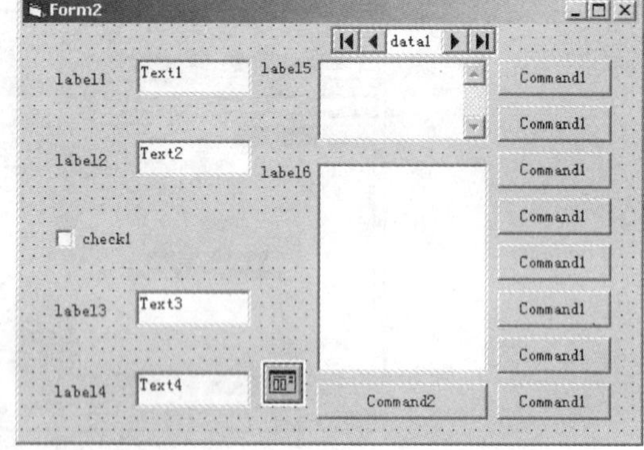

图 9-15　编辑设计界面

表 9-4　实例 2 数据绑定控件的属性设置

对象名	属性(属性值)	属性(属性值)	属性(属性值)
Data1	Connect ("Access ")	DatabaseName ("d: \学籍 . mdb ")	RecordSource ("学生 ")
Text1	DataSource ("Data1 ")	DataField ("学号 ")	
Text2	DataSource ("Data1 ")	DataField ("姓名 ")	
Check1	DataSource ("Data1 ")	DataField ("性别 ")	
Text3	DataSource ("Data1 ")	DataField ("出生年月 ")	
Text4	DataSource ("Data1 ")	DataField ("奖学金 ")	
Text5	DataSource ("Data1 ")	DataField ("简历 ")	
OLE1	DataSource ("Data1 ")	DataField ("照片 ")	

(1) 界面设计。在窗体中添加 6 个标签、5 个文本框、1 个复选框、1 个 OLE 控件、1 个 CommonDialog 控件、一个数据访问控件(Data 控件)和 1 个命令按钮组(共 8 个按钮)以及一个单独的命令按钮。具体编辑设计界面如图 9-15 所示。

数据访问控件 Data 以及数据绑定控件文本框、复选框和 OLE1 的数据绑定属性设置见表 9-4。

其中标签、复选框和命令按钮的 Caption 属性设置均写在窗体的装载事件中。

(2) 过程设计。

```
Private Sub Form_Load( )       '窗体的装载事件过程
  Dim i As Integer
  For i = 0 To 7
    Command1(i). Caption = Mid( "追加修改删除表首前翻后翻表尾返回 ", 2 *  i + 1, 2)
  Next i
  Command1(3). Enabled = False
  Command1(4). Enabled = False
  Caption = "学生表信息编辑浏览 "
```

```
        Label1. Caption = "学号: "
        Label2. Caption = "姓名: "
        Label3. Caption = "出生年月: "
        Label4. Caption = "奖学金: "
        Label5. Caption = "简历: "
        Label6. Caption = "照片: "
        Check1. Caption = "性别(选中表示男,否则为女) "
        Data1. Visible = False
        CommonDialog1. Filter = "图片(* . bmp)|* . bmp "
        Command2. Caption = "插入或更换图片 "
End Sub

Private Sub Command1_Click(Index As Integer)        '命令按钮组的单击事件过程
    Dim n as byte
    On Error GoTo errshow
    Select Case Index
        Case 0
            Data1. Recordset. AddNew
        Case 1
            Data1. Recordset. Update
        Case 2
            n = MsgBox( "是否真的要删除该记录? ", vbYesNo, "删除确认 ")
            If n = vbYes Then Data1. Recordset. Delete
        Case 3
            Data1. Recordset. MoveFirst
            Command1(3). Enabled = False : Command1(4). Enabled = False
            Command1(5). Enabled = True : Command1(6). Enabled = True
        Case 4
            If Not Data1. Recordset. BOF Then
                Data1. Recordset. MovePrevious
            Else
                Command1(3). Enabled = False : Command1(4). Enabled = False
            End If
                Command1(5). Enabled = True : Command1(6). Enabled = True
        Case 5
            If Not Data1. Recordset. EOF Then
                Data1. Recordset. MoveNext
            Else
                Command1(5). Enabled = False : Command1(6). Enabled = False
            End If
                Command1(3). Enabled = True : Command1(4). Enabled = True
        Case 6
```

```
                Data1. Recordset. MoveLast
                Command1(6). Enabled = False : Command1(5). Enabled = False
                Command1(4). Enabled = True : Command1(3). Enabled = True
            Case 7
                End
        End Select
        Exit sub
        errshow:
            MsgBox Err. Description
    End Sub


    Private Sub Command2_Click( )        '插入或更换图片命令按钮的单击事件过程
      CommonDialog1. ShowOpen
      If CommonDialog1. FileName < > " " Then
        OLE1. SourceDoc = CommonDialog1. FileName
        OLE1. Action = 1
      End If
    End Sub
```

(3) 运行调试。单击命令按钮组的相应组员可任意浏览表文件的记录内容,也可修改相应记录的内容;单击"添加"按钮,可输入新记录;单击 OLE1 下方的按钮(Command2),显示打开文件对话框,可在新记录中插入照片或重新设置当前记录的照片字段。

讨论与思考

★ 在程序的界面编辑设计时,如果需要添加多个相同类型的控件,可以通过建立控件数组的方式实现,进而利用循环配合数组方便地实现对控件相关属性的设置及方法的调用。这样做的目的是减少事件代码的冗余现象,提高程序的易读性与简捷性。观察本实例中窗体的装载事件过程中命令按钮与标签的标题属性设置上的差异。

★ 数据访问控件的功能是提供数据源,而数据绑定控件的功能是显示数据源的信息,观察本实例中两类数据控件的相关属性设置特点。特别注意数据库的路径问题(一定是你机器中存在的)。

实例 3. 选用 ADO Data 控件,设计一个对"学籍"数据库中三个表文件("学生"、"课程"和"成绩")中的记录进行浏览(随意翻动记录)、添加、删除和修改的应用程序。具体运行界面如图 9-16 ~ 图 9-18 所示。

(1) 界面设计。在窗体中添加 2 个标签 Label、1 个数据表格 DataGrid、1 个组合框 Combo、1 个数据访问控件(ADO Data 控件)和 1 个命令按钮组(共 8 个按钮)。具体编辑设计界面如图9-19所示。

如果 ADO Data 控件和 DataGrid 控件不在"工具箱"中,可以按"Ctrl + T"键或右键单击"工具箱",显示"部件"对话框。在这个"部件"对话框中,单击"Microsoft ADO Data Control 6.0(OLEDB)"和"Microsoft DatGrida Control 6.0(OLEDB)"。

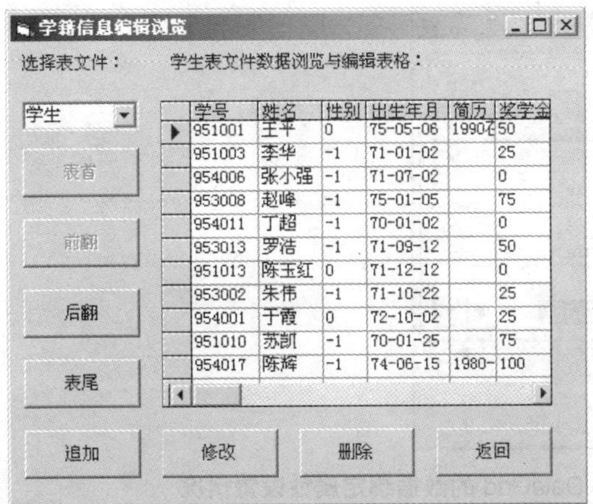

图 9－16　对“学生”表操作并翻到首记录的界面

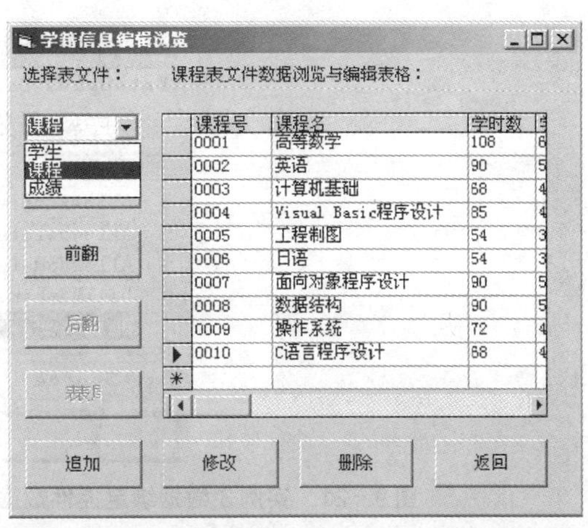

图 9－17　对“课程”表操作并翻到末记录的界面

图 9－18　对“成绩”表操作并后翻的界面

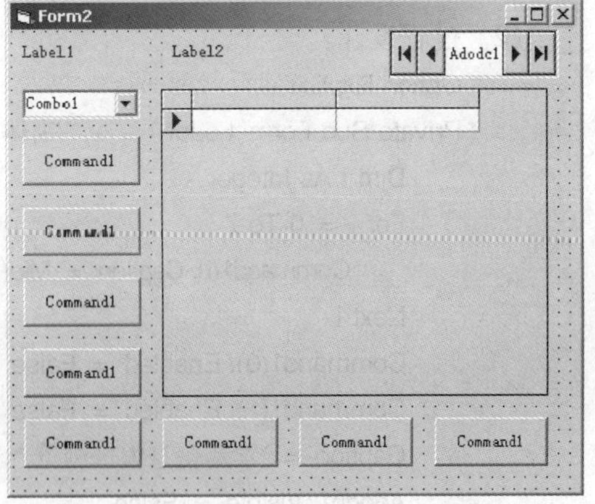

图 9－19　实例 3 编辑设计界面

数据访问控件 ADO Data 以及数据绑定控件数据表格 DataGrid 的数据绑定属性设置见图 9－20和图 9－21。

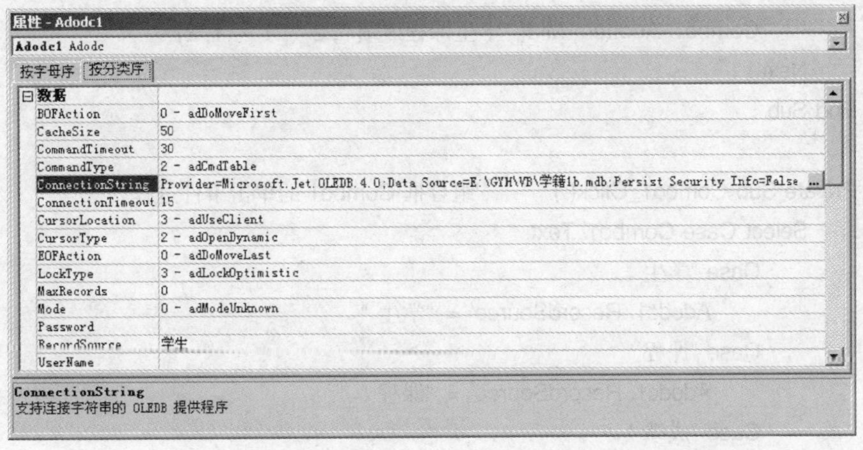

图 9－20　实例 3 数据访问控件 ADO Data 的相关属性设置情况

图 9-21　实例 3 数据绑定控件数据表格 DataGrid 的数据绑定属性设置情况

其中标签和命令按钮的 Caption 属性以及组合框中的填值均写在窗体的装载事件过程中。

（2）过程设计。

```
Option Explicit
Private Sub Form_Load( )          '窗体的装载事件过程
    Dim i As Integer
    For i = 0 To 7
        Command1(i). Caption = Mid( "表首前翻后翻表尾追加修改删除返回 ", 2 *  i + 1, 2)
    Next i
    Command1(0). Enabled = False
    Command1(1). Enabled = False
    Caption = "学籍信息编辑浏览 "
    Adodc1. Visible = False
    Label1. Caption = "选择表文件: "
    Combo1. Text = "学生 "
    Label2. Caption = Combo1. Text + "表文件数据浏览与编辑表格: "
    For i = 1 To 3
        Combo1. AddItem Mid( "学生课程成绩 ", 2 *  i - 1, 2)
    Next i
End Sub

Private Sub Combo1_Click( )          '组合框 Combo1 的单击事件过程
    Select Case Combo1. Text
        Case "学生 "
            Adodc1. RecordSource = "学生 "
        Case "课程 "
            Adodc1. RecordSource = "课程 "
        Case "成绩 "
            Adodc1. RecordSource = "成绩 "
```

```
    End Select
    Label2. Caption = Combo1. Text + "表文件数据浏览与编辑表格: "
    Adodc1. Refresh
End Sub

Private Sub Command1_Click(Index As Integer)       '命令按钮组的单击事件过程
  Dim n As Byte
  On Error GoTo errshow
  Select Case Index
    Case 0
        Adodc1. Recordset. MoveFirst
        Command1(0). Enabled = False : Command1(1). Enabled = False
        Command1(2). Enabled = True : Command1(3). Enabled = True
    Case 1
        If Not Adodc1. Recordset. BOF Then
            Adodc1. Recordset. MovePrevious
        Else
            Command1(0). Enabled = False : Command1(1). Enabled = False
        End If
        Command1(2). Enabled = True : Command1(3). Enablod = True
    Case 2
        If Not Adodc1. Recordset. EOF Then
            Adodc1. Recordset. MoveNext
        Else
            Command1(2). Enabled = False : Command1(3). Enabled = False
        End If
        Command1(0). Enabled = True : Command1(1). Enabled = True
    Case 3
        Adodc1. Recordset. MoveLast
        Command1(3). Enabled = False : Command1(2). Enabled = False
        Command1(1). Enabled = True : Command1(0). Enabled = True
    Case 4
        Adodc1. Recordset. AddNew
    Case 5
        Adodc1. Recordset. Update
    Case 6
        n = MsgBox( "是否真的要删除该记录? ", vbYesNo, "删除确认 ")
        If n = vbYes Then Adodc1. Recordset. Delete
    Caco 7
        End
  End Select
  Exit sub
```

```
    errshow:
    MsgBox Err.Description
End Sub
```

(3) 运行调试。在组合框的下拉列表中选择需要操作的表文件，单击命令按钮组的相应组员可任意浏览对应表的记录内容，也可修改相应记录的内容；单击“添加”按钮，可输入新记录。

讨论与思考

★ 实例 2 与实例 3 分别采用了不同的数据访问控件和数据绑定控件，实现的却是几乎相同的程序功能，观察两个实例的异同点，并熟悉和掌握两类不同的数据访问控件和数据绑定控件相关属性的设置方法。

★ 比较两类不同的数据访问控件对数据源信息的读写方法，明确两者的异同。需要确认的是，程序访问的数据库及表必须是已经存在的，并注意路径的设置。

实例 4. 选用 ADO 控件，利用 SQL 语言实现“学籍”数据库中成绩信息的查询。具体运行界面如图 9－22 和图 9－23 所示。

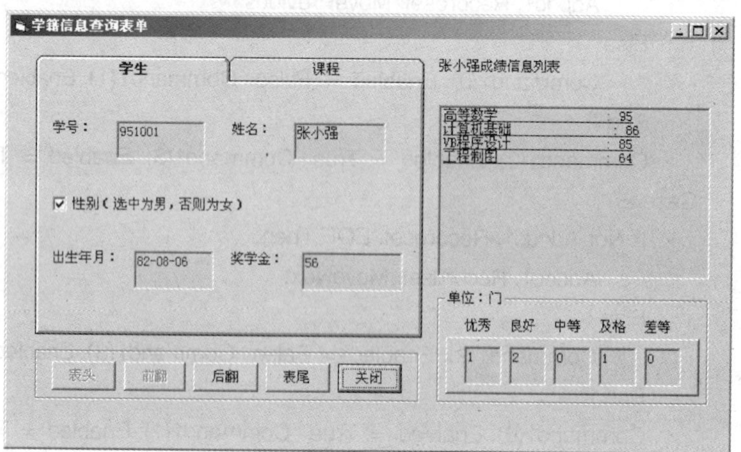

图 9－22　实例 4 对“学生”表操作并翻到首记录的界面

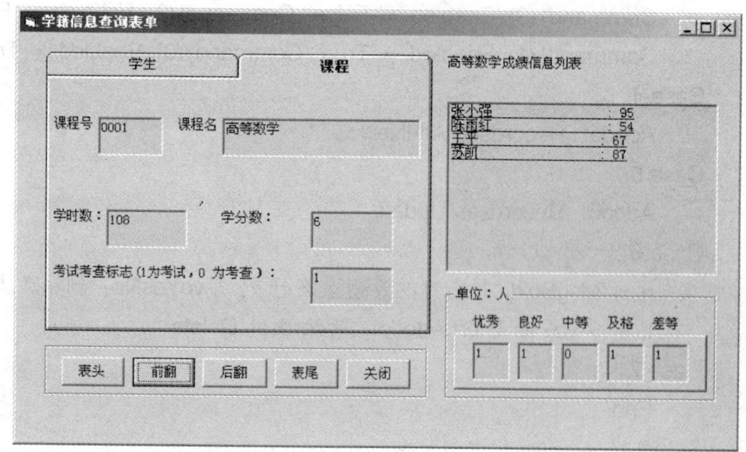

图 9－23　实例 4 对“课程”表操作并前翻记录的界面

（1）界面设计。在窗体中添加1个选项卡SSTab1，并在选项卡的两个页面上添加若干个标签和文本框、1个标签组（5个标签Label1(0)～Label1(4)）、1个单独的标签（Label2）、1个列表框（List1）、1个文本框组（5个文本框Text1(0)～Text1(4)）、1个框架（Frame1）、3个数据访问控件ADO Data（分别取名xs、kc和cjcx）和1个命令按钮组（5个按钮Command1(0)～Command1(4)）。具体编辑设计界面如图9－24和图9－25所示。

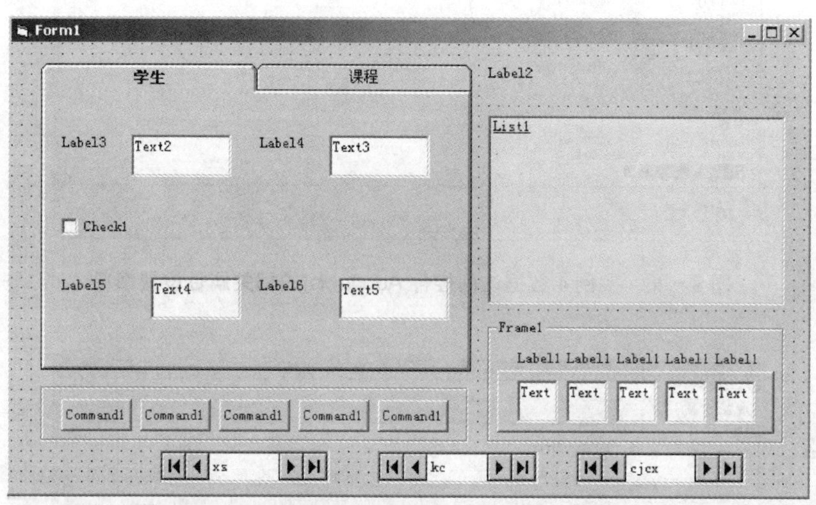

图9－24 实例4对“学生”表操作的编辑设计界面

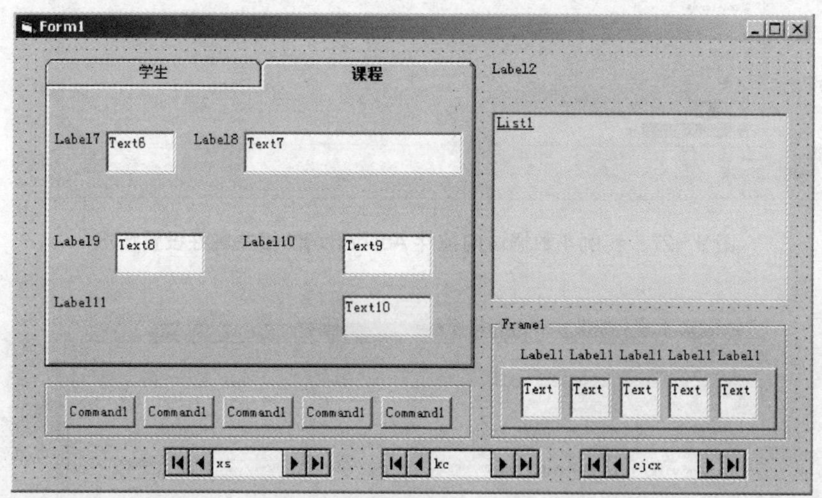

图9－25 实例4对“课程”表操作的编辑设计界面

如果ADO Data控件和SSTab控件不在“工具箱”中，可以按Ctrl＋T键或右键单击“工具箱”，显示“部件”对话框。在这个“部件”对话框中，单击“Microsoft ADO Data Control 6.0 (OLEDB)”和“Microsoft Tabbed Dialog Control 6.0”。

数据访问控件ADO Data属性设置见图9－26～图9－28。

其他主要控件的相关属性设置均写在窗体的装载事件过程中。

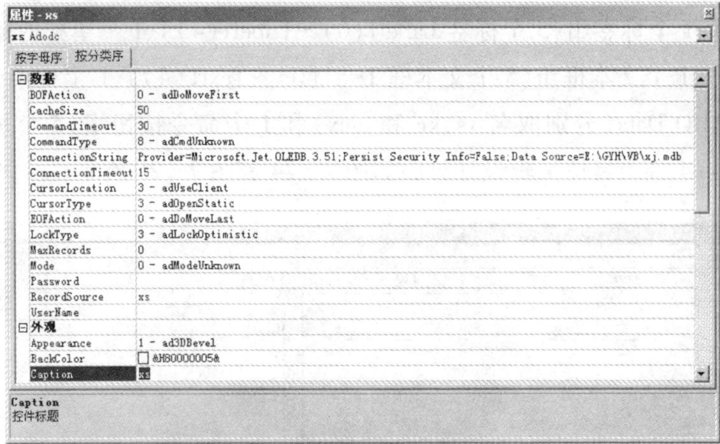

图 9－26　实例 4 数据访问控件 Adodc(xs)的相关属性设置情况

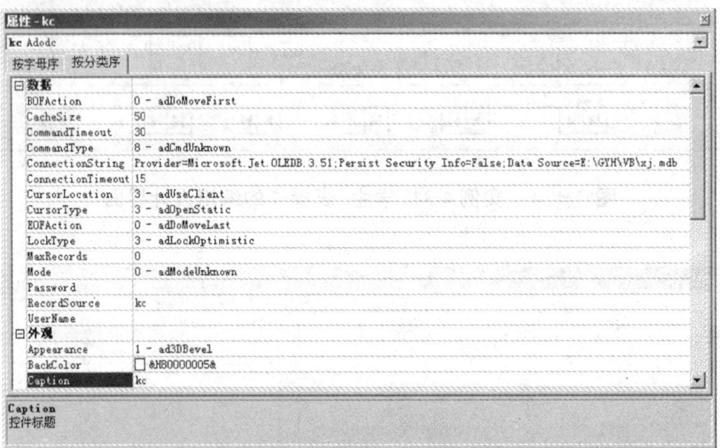

图 9－27　实例 4 数据访问控件 Adodc(kc)的相关属性设置情况

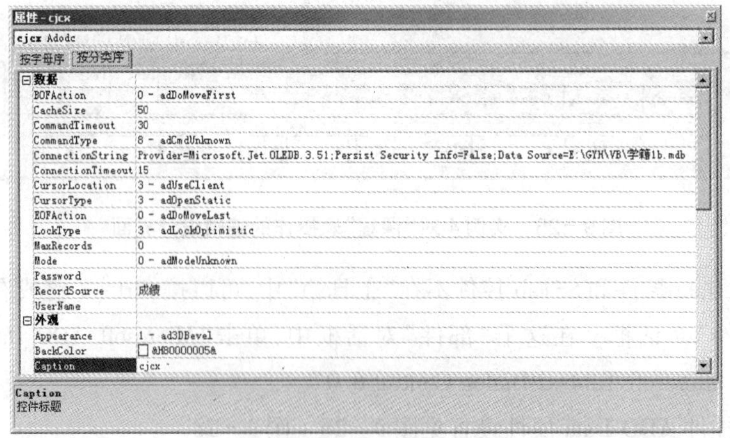

图 9－28　实例 4 数据访问控件 Adodc(cjcx)的相关属性设置情况

（2）过程设计。

```
Option Explicit
Private Sub Form_Load( )                '窗体的装载事件
    Check1. Enabled = False
    Set Text2. DataSource = xs
    With Text2
        . BackColor = RGB(205, 205, 192)
        . Locked = True
        . DataField = "学号 "
    End With
    Set Text3. DataSource = xs
    With Text3
        . BackColor = RGB(205, 205, 192)
        . Locked = True
        . DataField = "姓名 "
    End With
    Set Text4. DataSource = xs
    With Text4
        . BackColor = RGB(205, 205, 192)
        . Locked = True
        . DataField = "出生年月 "
    End With
    Set Text5. DataSource = xs
    With Text5
        . BackColor = RGB(205, 205, 192)
        . Locked = True
        . DataField = "奖学金 "
    End With
    Set Text6. DataSource = kc
    With Text6
        . BackColor = RGB(205, 205, 192)
        . Locked = True
        . DataField = "课程号 "
    End With
    Set Text7. DataSource = kc
    With Text7
        . BackColor = RGB(205, 205, 192)
        . Locked = True
        . DataField = "课程名 "
    End With
```

```
        Set Text8. DataSource = kc
        With Text8
            . BackColor = RGB(205, 205, 192)
            . Locked = True
            . DataField = "学时数 "
        End With
        Set Text9. DataSource = kc
        With Text9
            . BackColor = RGB(205, 205, 192)
            . Locked = True
            . DataField = "学分数 "
        End With
        Set Text10. DataSource = kc
        With Text10
            . BackColor = RGB(205, 205, 192)
            . Locked = True
            . DataField = "考试考查标志 "
        End With
        Set Check1. DataSource = xs
        Check1. DataField = "性别 "
        xs. Visible = False
        kc. Visible = False
        cjcx. Visible = False
        Caption = "学籍信息查询表单 "
        Call cjdctj
    End Sub
    Private Sub Command1_Click(Index As Integer) '命令按钮组 Command1 的单击事件
        Select Case Index
            Case 0
                If SSTab1. Tab = 0 Then xs. Recordset. MoveFirst E lse kc. Recordset. MoveFirst
                Command1(0). Enabled = False : Command1(1). Enabled = False
                Command1(2). Enabled = True : Command1(3). Enabled = True
            Case 1
                If SSTab1. Tab = 0 Then
                    If Not xs. Recordset. BOF And xs. Recordset. Bookmark > 1 Then
                        xs. Recordset. MovePrevious
                    Else
                        Command1(0). Enabled = False : Command1(1). Enabled = False
                    End If
                Else
```

```
                If Not kc. Recordset. BOF And kc. Recordset. Bookmark > 1 Then
                    kc. Recordset. MovePrevious
                Else
                    Command1(0). Enabled = False : Command1(1). Enabled = False
                End If
            End If
            Command1(2). Enabled = True : Command1(3). Enabled = True
        Case 2
            If SSTab1. Tab = 0 Then
                If Not xs. Recordset. EOF And xs. Recordset. Bookmark _
                        < xs. Recordset. RecordCount Then
                    xs. Recordset. MoveNext
                Else
                    Command1(2). Enabled = False : Command1(3). Enabled = False
                End If
            Else
                If Not kc. Recordset. EOF And kc. Recordset. Bookmark _
                        < kc. Recordset. RecordCount Then
                    kc. Recordset. MoveNext
                Else
                    Command1(2). Enabled = False : Command1(3). Enabled = False
                End If
            End If
            Command1(0). Enabled = True : Command1(1). Enabled = True
        Case 3
            If SSTab1. Tab = 0 Then xs. Recordset. MoveLast Else kc. Recordset. MoveLast
            Command1(3). Enabled = False : Command1(2). Enabled = False
            Command1(1). Enabled = True : Command1(0). Enabled = True
        Case 4
            Unload ME
    End Select
    Call cjdctj
End Sub

'自定义过程 cjdctj,用于统计某个学生或某门课程的成绩档次
Private Sub cjdctj( )
Dim cjdcjs(5) As Integer, dcase As Byte, i As Byte
  If SSTab1. Tab = 0 Then
     cjcx. RecordSource = _
         " select 成绩 . 学号,学生 . 姓名,成绩 . 课程号,课程 . 课程名,成绩 . 成绩 " _
```

```
            & " from 学生,课程,成绩 where 成绩 . 学号 = ' " & xs. Recordset( "学号 ") _
            & " ' and (成绩 . 课程号 = 课程 . 课程号 and 成绩 . 学号 = 学生 . 学号) " _
            & " order by 成绩 . 课程号 "
        Frame1. Caption = "单位: 门 "
        Label2. Caption = Trim(xs. Recordset( "姓名 ")) & "成绩信息列表 "
    Else
        cjcx. RecordSource = _
            " select 成绩 . 学号,学生 . 姓名,成绩 . 课程号,课程 . 课程名,成绩 . 成绩 " _
            & " from 学生,课程,成绩 where 成绩 . 课程号 = ' " & kc. Recordset( "课程号 ") _
            & " ' and (成绩 . 课程号 = 课程 . 课程号 and 成绩 . 学号 = 学生 . 学号) " _
            & " order by 成绩 . 学号 "
        Frame1. Caption = "单位: 人 "
        Label2. Caption = Trim(kc. Recordset( "课程名 ")) & "成绩信息列表 "
    End If
    cjcx. Refresh
    If Not cjcx. Recordset. EOF Then cjcx. Recordset. MoveFirst
    List1. Clear
    While Not cjcx. Recordset. EOF
        If SSTab1. Tab = 0 Then
            List1. AddItem cjcx. Recordset( "课程名 ") & ": " & Str(cjcx. Recordset( "成绩 "))
        Else
            List1. AddItem cjcx. Recordset( "姓名 ") & ": " & Str(cjcx. Recordset ( "成绩 "))
        End If
        If cjcx. Recordset( "成绩 ") < 60 Then
            dcase = 0
        Else
            dcase = (cjcx. Recordset( "成绩 ") \ 10) - 5
        End If
        Select Case dcase
            Case 4, 5
                cjdcjs(0) = cjdcjs(0) + 1
            Case 3
                cjdcjs(1) = cjdcjs(1) + 1
            Case 2
                cjdcjs(2) = cjdcjs(2) + 1
            Case 1
                cjdcjs(3) = cjdcjs(3) + 1
            Case 0
                cjdcjs(4) = cjdcjs(4) + 1
        End Select
```

```
            cjcx. Recordset. MoveNext
        Wend
        For i  = 0 To 4
            Text1(i). Text  =  cjdcjs(i)
        Next i
    End Sub
    Private Sub SSTab1_Click(PreviousTab As Integer)     '选项卡的单击事件过程
        Call cjdctj
    End Sub
```

（3）运行调试。当程序运行时，单击选项卡的 2 个页，并配合命令按钮组的翻动功能，可以查询“学生”表中的任何一个学生或“课程”表中的任何一门课程的成绩情况：在列表框中列表显示对应某个学生的各门课程的成绩情况或对应某门课程的所有选修学生的成绩情况，同时在文本框组中显示对应成绩的分档统计数据。

讨论与思考

★ 利用 SQL 语言实现数据库中信息（特别是多表信息）的查询是非常便捷、有效的方法。在本实例中通过 SQL 语句的构建可以随时整合数据源的信息，并通过事件过程代码重新设置数据访问控件的数据源属性，从而实现不同信息在相同控件上的显示与查询。

★ 如果将本实例中用于显示数据源信息控件文本框和信息提示控件标签都通过建立控件数组的方式实现，那么事件代码书写上应该怎样控制？试着做一做。

第三节　实 验 内 容

实验 1.　首先创建“学籍”数据库并构建其中的 3 个表文件“学生”、“课程”和“成绩”。之后设计一个对“学籍”数据库中 3 个表文件（“学生”、“课程”和“成绩”）中的记录进行浏览（随意翻动记录）、添加、删除和修改的应用程序。

提示

★ 3 个表文件（“学生”、“课程”和“成绩”）的字段设置可参照实例 1。

★ 界面布局及控件的选择可以随意设计，但最好不要与实例 1 完全雷同。

实验 2.　选用 ADO 控件、利用 SQL 语言实现“学籍”数据库中成绩信息的查询。运行界面如图 9－29 和图 9－30 所示。

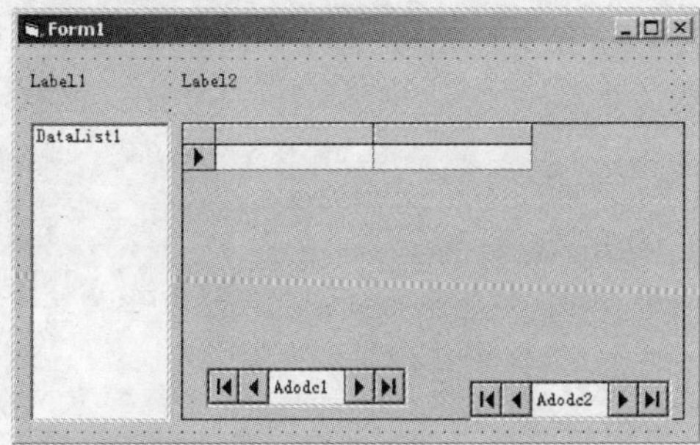

图 9－29　实验 2 的运行界面

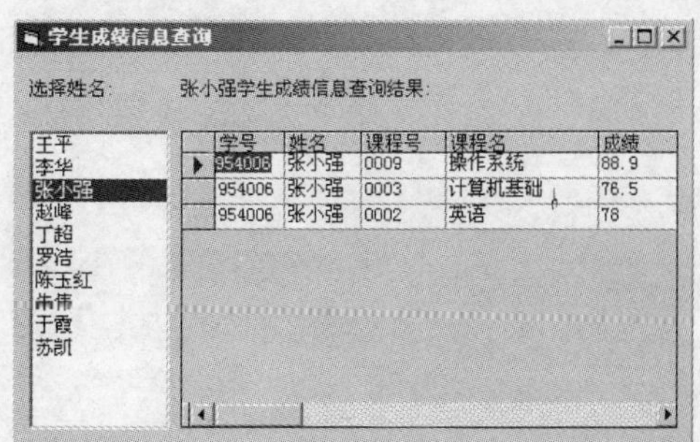

图 9－30　实验 2 的编辑设计界面

提示

★ 按照如图 9-29 所示给出的界面选择控件,主要包括标签控件、ADO 数据控件(运行后设置为不可见)、DataList 控件和 DataGrid 控件。

★ DataList 控件的数据来源(Adodc1)是学生表的姓名字段,DataGrid 控件的数据来源(Adodc2)是通过 SQL 语言生成的来自 3 个表的字段信息(如图 9-30 所示)。

★ 当用户选择列表框中的某个学生姓名时,系统将自动在表格中显示对应这个学生的成绩信息。同时表格上方的标签提示信息也会同步变化。

第四节　教材习题解答

一、判断题

1. √　2. √　3. ×　4. ×　5. ×　6. √　7. √　8. ×　9. √　10. √
11. √　12. ×　13. ×　14. ×　15. √

二、选择题

1. A　2. C　3. D　4. D　5. A

三、程序设计题

略。

附　录

附录一　自 测 试 卷

自测试卷(一)

一、语言基础题(本题共 35 分)

(一) 判断下列叙述正确与否,正确的打"√",否则打"×"(每题 1 分,共 10 分)

1. 窗体的 Top、Left 属性为数值,其单位长度为缇,且不可改变。(　　)
2. 数组的下标最小为 1,且不可改变。(　　)
3. 设置好窗体字体后,在窗体上建立控件,各控件的默认字体为窗体字体。(　　)
4. 控件的只读属性值不可以在程序运行时动态地修改。(　　)
5. 函数 Val("2a ")的返回值为 42。(　　)
6. 标签框的 Caption 属性值为字符串,运行时可以重新赋值。(　　)
7. 列表框控件的 Sorted 属性可以在运行时修改。(　　)
8. 将容器的 FillStyle 属性设置为 0 后,容器中所有图形都变为实心填充。(　　)
9. 在容器的 ScaleMode 属性值中,取值 7 使得容器的单位长度最小。(　　)
10. 图片框的 Clear 方法可以清除图片框中的文字以及用图形方法绘制的图形。(　　)

(二) 单选题(每题 1 分,共 5 分)

1. 装入窗体后,使窗体最大化的窗体属性名是________。

   A. WindowState　　B. Max　　C. Min　　D. Style

2. 按 Tab 键时,决定焦点在各个控件之间移动顺序的属性是________。

   A. Index　　B. TabIndex　　C. TabStop　　D. SetFocus

3. 表示文本框中所选定内容的属性是________。

   A. Seltext　　B. Sellenght　　C. Text　　D. Caption

4. 设置某菜单项是不是一个分割条的属性是________。

   A. Name　　B. Caption　　C. Enabled　　D. Visible

5. 语句"Circle(1000,1000),800,,,,2"绘制的是________。

   A. 弧　　B. 椭圆　　C. 扇形　　D. 同心圆

（三）填空题（每题 2 分，共 20 分）

1. 将一条语句分成多行显示，语句间使用的分隔符为＿＿＿＿＿＿。

2. 将数学式 $(x+1)e^{2x}$ 写作 Visual Basic 算术表达式为＿＿＿＿＿＿。

3. 判断整型变量 n 是否为两位正整数的逻辑表达式为＿＿＿＿＿＿。

4. 执行下列程序段后，变量 s、k 的值依次为＿＿＿＿＿＿。

s = 0 : For k = 1 To 10 Step 2 : s = s + k : Next k

5. 在 Form2 中引用 Form1 中的全局变量 x，写作＿＿＿＿＿＿。

6. 单选的列表框控件 List1 中，所选中的表项为＿＿＿＿＿＿。

7. 将文本框控件 Text2 所显示的文本清空，应执行语句＿＿＿＿＿＿。

8. 确定时间间隔为 1 秒钟，定时器控件的 InterVal 属性应设置为＿＿＿＿＿＿。

9. 为列表框控件 List1 增加一个表项“删除记录”，应执行语句＿＿＿＿＿＿。

10. 在图片框控件 Pic1 上以坐标（10，10）为圆心、8 为半径画轮廓线为红色的圆，应执行语句＿＿＿＿＿＿。

二、程序填空题（每空 2 分，本题共 16 分）

阅读下列程序说明和相应的程序，在每小题提供的可选答案中，挑选一个正确的答案。

1.【程序说明】计算下列级数的和，直到累加的末项之绝对值小于 10^{-7} 为止。

$$1 - x + \frac{x^2}{2!} - \frac{x^3}{3!} + \frac{x^4}{4!} - \cdots$$

```
Private Sub Command1_Click( )
    Dim s As Double, x As Double, t As Double, i As Integer
    x = InputBox( "x = "): s = 1
    i = __(1)__
    t = __(2)__
    Do While __(3)__
        t = - t *  x / i : i = i + 1
        __(4)__
    Loop
    Print s
End Sub
```

（1）A. 1　　B. 0　　C. 2　　D. X

（2）A. 1　　B. X　　C. −1　　D. −X

（3）A. t < 1e − 7　　B. t > 1e − 7

C. abs(t) < 1e − 7　　D. abs(t) > = 1e − 7

（4）A. s = t　　B. s = s + t　　C. s = s − t　　D. s = s + x

2.【程序说明】本题利用计时器控件来实现文字的水平移动，要求：

★ 运行时设置窗体为最大窗口；标签框内的文字从窗体左边向右边移动，每 1/10 秒移动1 次；当标签框的最左边超出窗体的右边界时，从窗体的左边进入窗体（尾部先进入）。

★ 文字移动时颜色不断产生随机变化。

```
Private Sub Form_Load( )
    Form1. WindowState = __(1)__
    Timer1. Interval = __(2)__
End Sub
Private Sub Timer1_Timer( )
    __(3)__ = RGB(Rnd* 255, Rnd* 255,Rnd* 255)
    Label1. Left = Label1. Left + 100
    If Label1. Left > = Form1. Width Then Label1. Left = __(4)__
End Sub
```

（1）A. 0　　B. 1　　C. 2　　D. 3

（2）A. 100　　B. 10　　C. 0. 1　　D. 1

（3）A. Label1. ForeColor　　B. Label1. FontColor

C. Label1. Color　　D. Label1. BackColor

（4）A. －Label1. Width　　B. Label1. Width

C. 0　　D. Label1. ScaleWidth

三、程序阅读题（每题 5 分，本题共 20 分）

1. 程序 1. 写出单击窗体后，图片框控件 Pic1 上的显示结果。

```
Private Sub Form_Click( )
    Dim i As Integer, j As Integer
    For i = 1 To 4
        For j = 1 To i
            Pic1. Print Tab(4 - i + j); Trim(Str(j));
        Next j
        Pic1. Print
    Next i
End Sub
```

2. 程序 2. 写出单击 Command1 后，窗体上的显示结果。

```
Private Function f(k As Integer) As Long
    f = 1
    Do While k > 1
        f = f* k
        k = k - 1
```

```
    Loop
End Function
Private Sub Command1_Click( )
    Dim m As Integer, n As Integer
    m = 5
    n = 3
    Print f(m)
    Print f(n)
    Print f(m - n)
End Sub
```

3. 程序 3. 写出打开窗体后,列表框中的显示结果。

```
Private Sub Form_Load( )
    List1. Clear
    List1. AddItem "111111 "
    List1. AddItem "222222 ", 0
    List1. AddItem "333333 "
    List1. AddItem "444444 ", 1
End Sub
```

4. 程序 4. 写出运行时两次单击窗体后屏幕上的显示结果。

```
Dim x As Byte
Private Static Sub Form_Click( )
    Dim y As Byte, z As Byte
    Call Init(y, z)
    Call OP(x, y, z)
    Print x, y, z
End Sub
Private Sub Init(a As Byte, b As Byte)
    a = a + 1
    b = b + 2
    x = a + b
End Sub
Private Sub OP(ByVal u As Byte, v As Byte, ByRef w As Byte)
    u = u + 1
    v = v + u
    w = u + v + w
End Sub
```

四、程序设计题(第1小题9分,其他小题各10分,共29分)

1. 编制事件过程 Command1_Click,调用该过程后输入 x,计算并显示下列分段函数的值。

$$Y=\begin{cases} x^2/(x+1) & x<-2 \\ Sin(x)\cdot Cos(x) & -2\leqslant x\leqslant 2 \\ Log_{10}x & x>2 \end{cases}$$

2. 编程,单击窗体后,打开通用对话框、选择一个图形文件,在图片框控件 Pic1 中显示。

3. 编程,输入 n,再输入 n 个学生的姓名、学号、三门功课的成绩,并保存到磁盘文本文件 e: \ccc. dat。

自测试卷(二)

一、语言基础(本题共35分)

(一) 判断下列叙述正确与否,正确的打"√",否则打"×"(每题1分,共10分)

1. 如果窗体的 Enabled 属性为 False,就不能对窗体上的任何控件进行操作。(　　)
2. 标签控件也可以响应 Click 事件过程,只是习惯上很少使用。(　　)
3. 在一个窗体上,只能有一个单选按钮的 Value 属性为 True。(　　)
4. 图片框控件的 Cls 方法可以清除图片框中除了所加载的图像以外的所有显示。(　　)
5. 执行"d = Point(x,y)"后,d 的当前值为255,表示窗体上坐标(x,y)处的点为红色。(　　)
6. 标签框的 Caption 属性值为字符串,运行时可以重新赋值。(　　)
7. 执行语句"Line -(X2,Y2)",总是从窗体的坐标原点到(X2,Y2)画一条直线。(　　)
8. 将容器的 FillCollor 属性设置为 vbBlue,此后容器中绘制图形的填充色为蓝色。(　　)
9. 若某一菜单项的 Visible 属性为 False,则它的各级子菜单也不可见。(　　)
10. 执行语句"Call shell(" e: \aaa. doc ")",可以打开 Word 文档 e: \aaa. doc 。(　　)

(二) 单选题(每题1分,共5分)

1. 下列数值作为窗体的 ScaleMode 属性值,使每一坐标单位长度最小的是________。

A. 6　　B. 4　　C. 2　　D. 1

2. 函数 InputBox 的三个参数,依次为________。

A. 提示信息、标题、缺省值　　B. 标题、提示信息、缺省值

C. 缺省值、提示信息、标题　　D. 缺省值、标题、提示信息

3. 在图片框控件 Pic1 上坐标(x,y)处画一个红点,写作________。

A. PSet(x,y),Rgb(255,0,0)　　B. Pic1. Pset(x,y),Red

C. PSet(x,y),Red　　　　　　D. Pic1. Pset(x,y),vbRed

4. 下列控件中,运行时不可见的是________。

A. 驱动器列表框　B. 通用对话框　C. 组合框　D. Data 控件

5. 文本框控件 Text1 有如下事件过程,当按下按键“ * ”时,其文本显示________。

```
Private Sub Text1_KeyPress(K As Integer)
    If K = Asc( "*  ") Then K = 0
End Sub
```

A. 为空白　　　　　　B. 没有变化

C. 增加一个星号　　　　D. 增加字符 "0 "

(三) 填空题(每题 2 分,共 20 分)

1. 将多条语句写在一行上,语句间使用的分隔符为__________。
2. 将数学式$(x+5)/\log_{10}y$ 写作 Visual Basic 算术表达式为__________。
3. 连接字符串变量 ss 左、右各 2 个字符的表达式写作__________。
4. 执行下列程序段后,变量 s、k 的值依次为__________。

s = 0: For k = 1 To 10 Step -2: s = s + k: Next k

5. 写出在 Visual Basic 中变量的三种不同作用域__________。
6. 列表框控件 List1 的最后一个表项为__________。
7. 要改变 Label 标签中文本的颜色,应设置的属性为__________。
8. 单击滚动条控件上的箭头时,决定其 Value 属性值增加或减小幅度的属性是______。
9. 画一个圆心在图片框 Pic 中心位置、半径为 50、轮廓线为蓝色的圆,写作__________。
10. 打开顺序文件 " c: \a. dat "用于输入数据(通道号#1),写出完整的 Open 语句:

____。

二、程序填空题(每空 2 分,本题共 16 分)

阅读下列程序说明和相应的程序,在每小题提供的可选答案中,挑选一个正确的答案。

1.【程序说明】下列程序显示所有 3 个数码各不相同的 3 位数,并统计有多少个这样的数。

```
Private Sub Form_Click( )
    Dim n As Integer, a As Integer, b As Integer, c As Integer
    Dim x As Integer
    For a =  (1)
        For b = 0 To 9
            For c = 0 To 9
                If a < >b And b < >c And a < >c Then
                    x =  (2)
                    n = n + 1
```

```
                (3)
            If n mod 15  = 0 Then Print
        End If
    Next  (4)
    Print "总共有这样的三位数 "; n; "个 "
End Sub
```

(1) A. 1 To 9　　B. 0 To 9　　C. 1 To 10　　D. 0 To 10

(2) A. a * b * c　　B. a & b & c

C. c + 10 * (b + 10 * a)　　D. a + 10 * (b + 10 * c)

(3) A. print x,　　B. print x　　C. print x;　　D. print a;c;c

(4) A. Next a,b,c　　B. Next c,b,a　　C. Next a,c,b　　D. Next b,c,a

2.【程序说明】下列事件过程在运行时，每隔半个小时自动将列表框控件 List1 中各表项依次输出到文件 D:\AAA.TXT。

```
Private Sub Form_Load( )
    Timer1. Interval  = 10000 : Timer1. Enabled  = True
End Sub
Private Sub Timer1_Timer( )
    (1)   count As Long
    Dim i As Integer
    count  =  count  +  1
    If   (2)   Then
        Open " D:\AAA. TXT " For   (3)   As #1
        For i  = 0 To   (4)
            Print #1,List1. List(i)
        Next i
        Close #1
    End If
End Sub
```

(1) A. Dim　　B. Public　　C. Private　　D. Static

(2) A. count = 80　　B. count = 30

C. count = 1800000　　D. count = 0. 5

(3) A. Append　　B. Output　　C. Input　　D. Write

(4) A. List1. ListCount　　B. List1. ListCount - 1

C. ListCount - 1　　D. ListCount

三、程序阅读题(每题 5 分，本题共 20 分)

1. 程序 1. 写出单击 Command1 后，窗体上的显示结果。

```
Private Sub Command1_Click( )
    Dim a As String, n As Integer, i As Integer
    a  =  " ABCDEFGH ": n  =  Len(a)
    For i  =  1 To 4
```

```
        a = Right(a, 1) + Mid(a, 1, n - 1)
        Print a
    Next i
End Sub
```

2. 程序 2. 写出单击 Command1 后，窗体上的显示结果。

```
Private Sub f(a( ) As Single,n As Integer,x As Single,y As Single)
    x = a(1): y = x
    Do While n > = 1
        If a(n) > x Then x = a(n) Else y = a(n)
        n =n - 1
    Loop
End Sub
Private Sub Command1_Click( )
    Dim b(4) As Single, u As Single, v As Single, k As Integer
    k = 4 : b(1) = 3 : b(2) = 9 : b(3) = 2 : b(4) = 5
    Call f(b, k, u, v)
    Print u : Print v : Print k
End Sub
```

3. 程序 3. 顺序写出运行时在文本框控件 Text1 中输入 abcd 后，列表框控件 List1 中的各表项。

```
Dim s As String
Private Sub Form_Load( )
    List1. Clear : Text1. Text = " "
End Sub
Private Sub Text1_Change( )
    s = s + Text1. Text
    List1. AddItem s
End Sub
```

4. 程序 4. 写出下列程序运行后窗体上的输出结果。

```
Dim a(100) As Integer, t As Byte
Private Sub Form_Load( )
    Timer1. Interval = 64
End Sub
Private Sub Timer1_Timer( )
    t = t + 1
    a(t) = a(t - 1) + t
    Timer1. Interval = Timer1. Interval / 4
    Print t, a(t)
End Sub
```

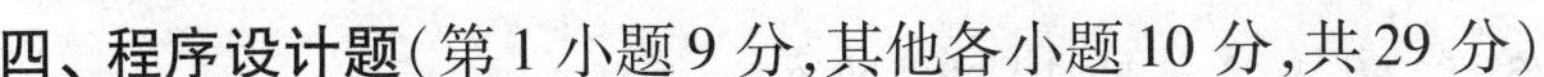

四、程序设计题(第 1 小题 9 分,其他各小题 10 分,共 29 分)

1. 编程,输出满足条件 $1.1^{n-1} < 100 < 1.1^{n}$ 的 n 值。

2. 编制事件过程 Command1_Click,单击后可以将坐标原点设置到窗体的中心位置(保持单位长度不变)。

3. 文件 e: \ccc. dat 中的每行存放了 1 个学生的姓名、学号、三门功课的成绩,编程,显示所有总分小于 180 分的学生信息。

附录二　计算机等级考试二级 Visual Basic 程序设计样卷

一、程序阅读与填空题(每题 3 分,本题共 72 分)

阅读下列程序说明和相应的程序,在每小题提供的可选答案中,挑选一个正确的答案。

1.【程序说明】计算多项式 $a_0 + a_1x + a_2x^2 + a_3x^3 + \cdots + a_nx^n$ 。

【程序】

```
Private Sub Form_Click( )
    Dim a As Single, x As Single, t As Single, y As Single
    Dim i As Integer, n As Integer
    n = Val(InputBox(" n = ")): x = Val(InputBox(" x = "))
    For i = __(1)__
      a = Val(InputBox(" a(" & i & ") = "))
      If i = 0 Then __(2)__ Else __(3)__
      y = y + __(4)__
    Next i
    Print y
End Sub
```

【供选择的答案】

(1)	A. 1 To n	B. 0 To n	C. 0 To n - 1	D. 1 To n - 1
(2)	A. t = 0	B. t = 1	C. t = x	D. t = a
(3)	A. t = x	B. t = t ^ n	C. t = 1	D. t = t * x
(4)	A. a(i)	B. a(i) * t	C. a * x	D. a * t

2.【程序说明】将列表框控件 List1 所有表项存入 Byte 类型数组 a 后,将所有其值等于另外两个数组元素之和的数组元素添加到 List2(一个数组元素只能添加一次)。

【程序】

```
Private Sub Command1_Click( )
    Dim i As Byte, j As Byte, k As Byte, n As Byte, x As Boolean
    n = List1.ListCount
```

```
 (5)
  For i = 0 To  (6)  : a(i + 1) = List1.List(i): Next i
  For i = 1 To n
    x = True
    For j = 1 To n
        For k = 1 To n
          If  (7)  And x And a(i) = a(j) + a(k) Then _
        List2.AddItem a(i):  (8)
      Next k
    Next j
  Next i
End Sub
```

【供选择的答案】

(5) A. ReDim a(n) As Byte　　B. Dim a(n)

　　C. Dim a(n) As Byte　　D. ReDim a(n)

(6) A. n　　B. n + 1　　C. n - 1　　D. ListCount

(7) A. i< >j And i< >k And j< >k　　B. i=j And i=k And j=k

　　C. i< >j Or i< >k Or j< >k　　D. i=j Or i=k Or j=k

(8) A. x = Not x　　B. x = True　　C. x = False　　D. Exit

3.【程序说明】运行时单击命令按钮 Command1 后,调用定时器控件在图片框控件 P1 中画点、以动画方式逆时针方向绘制一个红色边线的圆。

【程序】

```
 (9)
Private Sub Form_Load( )
  P1.ScaleMode = 3 : P1.Height = P1.Width : P1.DrawWidth = 2
  Timer1.Interval = 40 : Timer1.Enabled = False
End Sub
Private Sub f(rou As Single, sait As Single)
  x = rou *  (10) (sait * 3.141593 / 180)
  y = rou *  (11) (sait * 3.141593 / 180)
End Sub
Private Sub Command1_Click( )
  P1.Scale ( - 100, 100) - (100, - 100): Timer1.Enabled = True
End Sub
Private Sub Timer1_Timer( )
 (12)
  Call f(80, k): P1.PSet(x,y),RGB(255,0,0): k = k + 0.5
  If k > 360 Then Timer1.Enabled = False
End Sub
```

【供选择的答案】

(9) A. p1.FillStyle = 0　　B. Static x As Single,y As Single

C. p1. Color = VbRed　　D. Dim x As Single,y As Single

(10) A. Ctan　B. Tan　C. Cos　D. Sin

(11) A. Abs　B. Sin　C. Tan　D. Cos

(12) A. Dim k As Double　B. Dim k As Single

C. Static k As Double　D. Static k As Single

4.【程序】

```
Private Sub Command1_Click( )
  Dim m As Integer, i As Integer, f As Integer
  m = Val(InputBox(" m = "))
  i = 1 : f = 1
  Do While f < = m
    i = i + 1 : f = f * i
  Loop
  Print i
End Sub
```

【问题】

(13) 运行时输入15,窗体上显示:　A. 3　B. 4　C. 5　D. 2

(14) 运行时输入17,窗体上显示:　A. 2　B. 3　C. 4　D. 5

(15) 运行时输入726,窗体上显示:　A. 8　B. 7　C. 6　D. 5

(16) 运行时输入1,窗体上显示:　A. 2　B. 3　C. 4　D. 5

5.【程序】

```
Private Function f(a As Integer) As String
  Dim k As Integer
  Do Until a = 0
    k = a Mod 16
    If k < 10 Then
      f = Chr(Asc(" 0 ") + k) + f
    Else
        f = Chr(Asc(" A ") + k - 10) + f
    End If
    a = a \ 16
  Loop
End Function
Private Sub Command1_Click( )
  Dim x As Integer
  x = Val(InputBox(" x = ")): Print f(x)
End Sub
```

【问题】

(17) 运行时输入8,显示:

A. 1000　B. 8　C. 4　D. 3

(18) 运行时输入123,显示:

A. 7B　　B. B7　　C. 321　　D. 23

(19) 运行时输入 321,显示:

A. 21　　B. 414　　C. 141　　D. 213

(20) 运行时输入 1024,显示:

A. 400　　B. 10　　C. 16　　D. 40

6.【程序】

```
Private Sub Command1_Click( )
  Dim x As Integer, y As Integer, i As Integer
  x = Val(InputBox(" x = "))
  Open " aaa.txt " For Input As #1
  Do While Not EOF(1)
    Input #1, y
    i = i + 1 : If x = y Then Exit Do
  Loop
  If Not EOF(1) Then Print y;
  Print i : Close #1
End Sub
```

【问题】

若文件 aaa. txt 存放了 2、3、5、7、11、13、17、19 这八个数

(21) 单击 Command1,输入 5 后,窗体显示:

A. 3　5　　B. 11　　C. 5　　D. 5　3

(22) 单击 Command1,输入 13 后,窗体显示:

A. 6　　B. 13　6　　C. 6　13　　D. 13

(23) 单击 Command1,输入 23 后,窗体显示:

A. 23　9　　B. 19　8　　C. 8　　D. 无显示结果

(24) 单击 Command1,输入 1 后,窗体显示:

A. 8　　B. 0　　C. −1　　D. 1

二、程序设计题(每题 14 分,本题共 28 分)

1. 编制事件过程 Command1_Click,输入 10 个整数到一维数组,判断这 10 个数按照输入的顺序能否组成等差数列(显示结果为"是等差数列"或"不是等差数列")。

2. 编制 Sub 过程,将 m 行 n 列的二维数组每一行,同除以该行上绝对值最大的元素。

参考答案

一、程序阅读与填空题(每题 3 分,本题共 72 分)

(1) B　(2) B　(3) D　(4) D　(5) A　(6) C　(7) A　(8) C　(9) D
(10) C　(11) B　(12) D　(13) B　(14) C　(15) B　(16) A　(17) B　(18) A

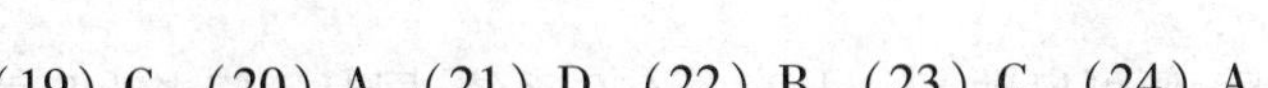

(19) C　(20) A　(21) D　(22) B　(23) C　(24) A

二、程序设计题(每题 14 分,本题共 28 分)

1. 编制事件过程 Command1_Click,输入 10 个整数到一维数组,判断这 10 个数按照输入的顺序能否组成等差数列(显示结果为"是等差数列"或"不是等差数列")。

```
Private Command1_Click( )
  Dima(10) As Integer, x As Integer, i As Integer
  For i = 1 To 10
    a(i) = Val(InputBox(" a(" & i & ") = "))
  Next i
  x = a(2) - a(1)
  For i = 3 To 10
    If a(i) - a(i - 1) < > x Then Exit For
  Next i
  If i = 11  Then Print "是等差数列" Else Print "不是等差数列"
End Sub
```

2. 编制 Sub 过程,将 m 行 n 列的二维数组每一行,同除以该行上绝对值最大的元素。

```
Private Sub f(a( ) As Single, m As Integer, n As Integer)
  Dim i As Integer, j As Integer, max As Single
  For i = 1 To m
    max = a(i,1)
    For j = 2 To n
      If Abs(a(i,j)) > Abs(max) Then max = a(i,j)
    Next j
    For j = 1 To n
      a(i,j) = a(i,j) / max
    Next j
  Next i
End Sub
```

附录三　计算机等级考试上机考试样题

样题包括程序设计题和程序调试,要求考生在考生目录中,按照题目要求完成界面设计和编写相应事件代码。

一、程序设计题

(一) 操作说明

程序设计题的操作步骤如下:

1. 考生在单击“回答”按钮后，便可启动 Visual Basic 6.0 系统，同时运行考生目录中的 Design. exe 文件，以便考生设计时随时同程序设计要求最终效果比较。

2. 程序界面设计，要求考生设置窗体指定的一些属性，在窗体添加控件，并设置控件的某些属性。

3. 编写程序代码，根据题目的要求，在代码窗口中编写相应事件的程序代码，调试运行程序使其程序的运行效果与运行考生文件夹中的 Design. exe 的效果相同。

4. 将工程以文件名“Design. vbp”，窗体以文件名“Design. frm”保存在考生文件夹中。

注意：界面设计中，以默认方式命名控件，从左至右、从上向下的顺序拖放控件。在调试过程中，考生可通过运行考生目录下的 Design. exe 文件来查看程序的最终效果。把自己完成的程序运行效果同它比较，若有不同，再次检查你的界面设计和程序代码是否正确，使程序运行效果与 Design. exe 运行效果相同。

（二）样题选编

1. 请参考 Design. exe 程序的运行效果，如图附 3－1 所示。新建一个工程，完成“字幕滚动”程序设计。将工程文件以 Design. vbp、窗体文件以 Design. frm 保存到考试目录下，具体要求如下：

（1）窗体的标题为“字幕滚动”，固定边框。

（2）在属性窗口中将标签（Label1）的标题设为“祝您考试成功”，字体设置为“宋体”、字形为“粗体”、大小为“二号”、文字颜色为“红色”。

（3）单击“开始”按钮，标签文字在定时器控制下自动地从左向右移动，移动速度为每个时间间隔右移 100 缇，当标签移动到窗体外时，再从窗体的左边进入，同时“开始”按钮变为“停止”按钮。

（4）单击“停止”按钮，标签“祝您考试成功”文字停止滚动。同时，“停止”按钮变为“开始”按钮。

（5）定时器（Timer1）的时间间隔为 0.1 秒钟。

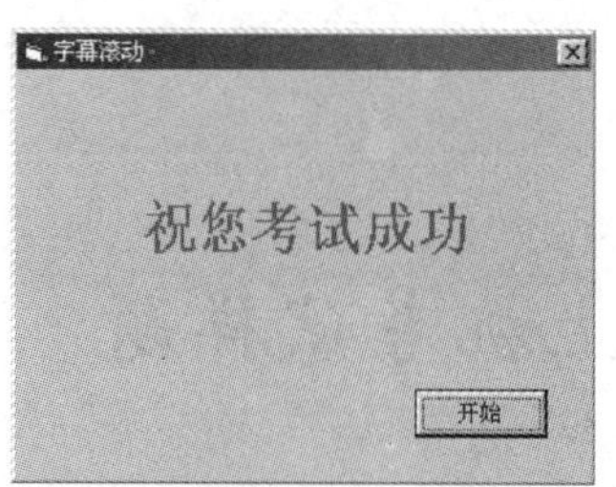

图附 3－1 “字幕滚动”程序运行效果

图附 3－2 “图片欣赏”程序运行效果

2. 请参考 Design. exe 程序的运行效果，如图附 3－2 所示。新建一个工程，完成“图片欣赏”程序设计。将工程文件以 Design. vbp、窗体文件以 Design. frm 保存到考试目录下，具体要求如下：

（1）窗体的标题为“图片欣赏”，固定边框。

（2）窗体上有驱动器列表框（Drive1）、目录列表框（Dir1）和文件列表框（File1）三个控

件,要求三个控件能够联动。

(3) 窗体的右半部有一个图像框 Image1,将它的 Stretch 属性设置为 True。

(4) 设置文件列表框只显示 *. bmp 和 *. jpg 类型的图片文件。

(5) 单击文件列表框上的图片文件名时,图片显示在图像框中。

3. 请参考 Design. exe 程序的运行效果,如图附 3-3 所示。新建一个工程,完成"拨号盘"程序设计。将工程文件以 Design. vbp、窗体文件以 Design. frm 保存到考试目录下,具体要求如下:

(1) 窗体的标题为"拨号盘",固定边框。

(2) 窗体的上边有一个文本框 Text1,设置为最多接受 10 个字符;Font;宋体、粗体、三号;文字颜色为蓝色。

(3) 用命令按钮数组 Command1(0) ~ Command1(9) 构成数字键,数字键标题正好和命令按钮数组的下标一致。单击数字键按钮,将拨号的内容显示在文本框中。

(4) 单击"重拨"按钮(Command2),再现原来的拨号过程(提示:再现过程由定时器实现)。

(5) 定时器(Timer1)的时间间隔为 0.5 秒种。

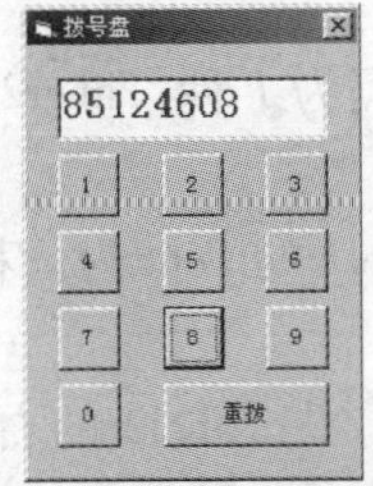

图附 3-3 "拨号盘"程序运行效果

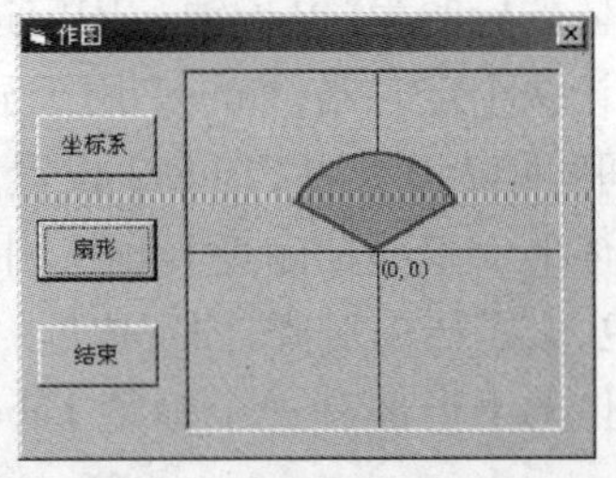

图附 3-4 "作图"程序运行效果

4. 请参考 Design. exe 程序的运行效果,如图附 3-4 所示。新建一个工程,完成"作图"程序设计。将工程文件以 Design. vbp、窗体文件以 Design. frm 保存到考试目录下,具体要求如下:

(1) 窗体的标题为"作图",固定边框。

(2) 窗体的右边是一个图片框 Picture1,用于显示图形。

(3) 单击"坐标系"按钮(Command1),将图片框的坐标系统设置为原点在中央,X 轴[-10,10],Y 轴[-10,10],并在图片框中画出该坐标系统示意图。

(4) 单击"扇形"按钮(Command2),在图片框中画一个圆心在原点,半径为 5,圆周为红色,线宽为 2,内部为绿色,起始角为 $\pi/6$,终止角为 $5\pi/6$ 的扇形。

(5) 单击"结束"按钮(Command3),程序结束运行。

5. 请参考 Design. exe 程序的运行效果,如图附 3-5 所示。新建一个工程,完成"反弹球"程序的设计。将工程文件以 Design. vbp、窗体文件以 Design. frm 保存到考生目录下,具体要求如下:

(1) 窗体的标题为"反弹球",固定边框。

(2) 设计两个菜单项,nnustart 的标题为"启动",nnustop 的标题为"停止"。

(3) 在窗体中引入一个形状控件 Shapel,形状为圆,半径为 500Twios,填充色为红色。

（4）第一次单击菜单“启动”，圆球先向右上角方向运动，碰壁后改变方向。每个时间间隔水平方向改变量 bx 和垂直方向改变量 by 都是 100Twios。

（5）单击菜单“停止”，圆球停止运动。再单击菜单“启动”，圆球继续运动。

（6）定时器（Timerl）的时间间隔为 0.1 秒钟。

图附 3－5 “反弹球”程序运行效果

图附 3－6 “电子钟”程序运行效果

6. 请参考 Design. exe 程序的运行效果，如图附 3－6 所示。新建一个工程，完成“电子钟”程序的设计。将工程文件以 Design. vbp、窗体文件以 Design. frm 保存到考试目录下，具体要求如下：

（1）窗体的标题为“电子钟”，固定边框。

（2）设计两个定时器，Timer1 用于显示系统时间，时间间隔为 1 秒；Timer2 用于判断闹钟时间，时间间隔为 0.5 秒，Timer2 设置为不可用。

（3）窗体的上半部是标签 Label1，用于显示时间，设置 Label1 的 Font 为：宋体、粗体、二号，背景白色，文字居中对齐，固定边框。

（4）窗体的下半部有一个标签 Label2，标题为“闹钟时间：”；Label2 的右边是文本框 Text1。

（5）在文本框中输入闹钟时间并按回车键后，启动判断闹钟时间的定时器 Timer2，如果 Label1 显示的时间超过那种时间，则标签 Label1 的背景色按红、白两色交替变换。

7. 请参考 Design. exe 程序的运行效果，如图附 3－7所示。新建一个工程，完成“字体设置”程序的设计。将工程文件以 Design. vbp、窗体文件以 Design. frm 保存到考试目录下，具体要求如下：

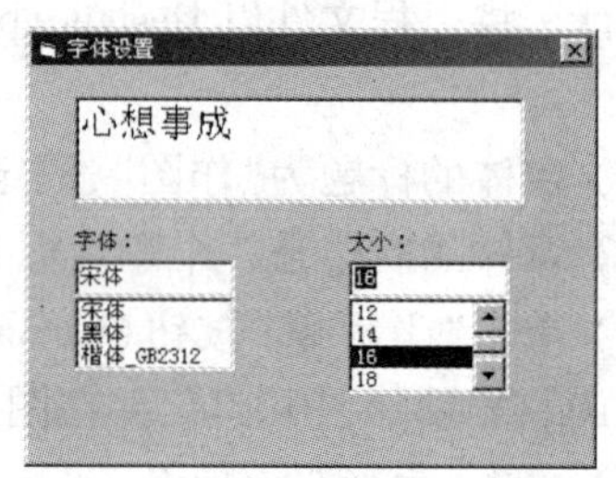

图附 3－7 “字体设置”程序运行效果

（1）窗体的标题为“字体设置”，固定边框。

（2）窗体的上边有一个文本框 Text1，文字内容为“心想事成”。

（3）文本框下面的左边有一个标签 Label1，标题为“字体：”，标签下面是一个简单组合框 Combo1，有三项内容，分别是“宋体、黑体、楷体－GB2313”，单击时文本框的字体进行设置。

（4）文本框下面的右边有一个标签 Label2，标题为“大小：”，标签下面是一个简单组合框 Combo2，有 8 项内容，分别是“10、12、16、20、24、36、48、72”，单击时对文本框的文字大小进行设置。

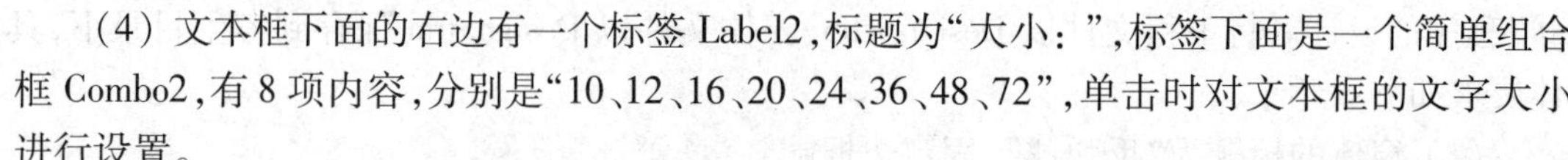

8. 请参考 Design. exe 程序的运行效果，如图附 3－8 所示。新建一个工程，完成“倒计时”程序的设计。将工程文件以 Design. vbp、窗体文件以 Design. frm 保存到考试目录下，具

体要求如下：

(1) 窗体的标题为“倒计时”，固定边框。

(2) 窗体的左边有一个框架 Frame1，标题为“选择时间”；框架内有一组单选钮控件数组，从上到下为 Option1(0)、Option1(1) 和 Option1(2)，标题分别为“1 分钟”、“5 分钟”和“10 分钟”，默认选择为 1 分钟。

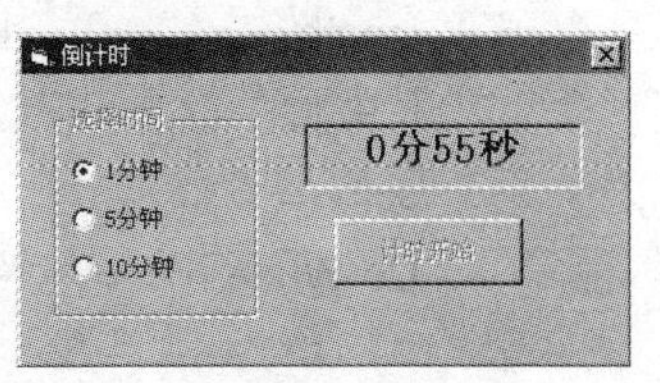

图附 3-8 “倒计时”程序运行效果

(3) 窗体的右边有一个标签 Label1，用于显示倒计时的剩余时间，标签 Label1 设置为：宋体、粗体、三号，文字居中对齐，固定边框。

(4) 单击“开始计时”按钮(Command1)后，程序根据选择的时间开始倒计时，同时命令按钮变为不可使用，框架也不可使用。

(5) 但当剩余时间到 0 分 0 秒时，改为显示“时间到！”。

(6) 定时器 Timer1 的时间间隔为 1 秒钟。

(7) 其他界面设计参考 Design. exe 程序运行效果。

二、程序调试题

(一) 操作说明

程序调试题的操作步骤是：

1. 建立一标准 EXE 工程，将这一模块程序添加到工程中。如果你是通过双击标准模块程序 Model1. BAS 进入 Visual Basic 系统的，则首先需要添加一个窗体模块。

2. 将该标准模块程序 Model1. BAS 中代码的指定的错误修改正确或在指定的空位填上适当的语句，并在窗体模块中编写代码(常常写在窗体的 Click( )事件中)调用标准模块中的 Sub 过程或用户自定义函数(如果在标准模块程序 Model1. BAS 有多个过程或函数，要注意调用的先后顺序，否则得不到正确结果)，调试运行程序，使其能输出正确结果。

3. 按试题要求保存工程。如果你的计算机中没有模块程序 Model1. BAS，你必须先自己新建一工程，再添加一个默认标准模块，将题目所附的参考程序输入(可复制粘贴)，将其中用 - - - n - - - (n 为 1,2,3,4,5)部分删除后改为合适的内容或将用 * * * * 错误 n * * * * 标示的下一语句中的错误改正，然后调试运行程序使其达到该题目的要求。

(二) 程序调试样题

1. 该模块中的 Findat 过程是用于在一个字符串变量中查找 " at "，并用消息框给出查找结果的报告：没有找到或找到的个数，但不完整，请在横线上填入必要的内容，使其完整。程序如下：

```
Public Sub Findat( )
    '在字符串 str1 中查找 " at "
    Dim str1 As String
    Dim length As Integer        '字符串长度
    Dim sum As Integer           '查到的个数
    Dim i As Integer
    str1 = InputBox( "请输入一个字符串 ")
```

```
        length = - - - - -1- - - - -
        i = 1
        sum = 0
        Do While i < = - - - - -2- - - - -
            If - - - - -3- - - - - = " at " Then
                sum = sum + 1
            End If
            i = i + 1
        Loop
        If - - - - -4- - - - Then
            MsgBox              "没有找到！"
        Else
            MsgBox              "找到了 " & Str(sum) & "个 "
        End If
    End Sub
```

2. 该模块中的 Combination 过程是用于计算在 m 个数据中取出 n 个数据的排列组合值，计算公式为 Cmn = m！/(n！ *(m - n)!)。

Modify. Bas 模块中的 nFactor 函数过程用于计算 n!。程序如下：

```
    Public Sub Combination( )
        Dim m As Integer
        Dim n As Integer
        Dim Cmn As Long
        Do
            m = Val(InputBox( "请输入一个整数 m "))
            n = Val(InputBox( "请输入一个整数 n(n < =m) "))
        '* * * * * * 错误 1 * * * * * *
        Loop While m > = n         '必须保证输入的两个数 m > =n
        '* * * * * * 错误 2 * * * * * *
        Cmn = nFactor(m) / nFactor(n) *  nFactor(m - n)
        Form1. Print "排列组合数为 "; Cmn
    End Sub

    Public Function nFactor(ByVal n As Integer) As Double
        Dim i As Integer
        Dim temp As Double
        temp = 1
        For i = 1 To n
            temp = temp * i
        Next i
        '* * * * * * 错误 3 * * * * * *
        nFactor(n) = temp
```

```
'* * * * * *  错误4 * * * * * *
End Sub
```

3. 该模块中的 Transfer 过程用于将一个十六进制整数转换为十进制整数；number 函数过程用于将一个十六进制符号转换为数值。程序如下：

```
Public Sub Transfer( )
    Dim Hex As String        '十六进制数
    Dim Dec As Double        '十进制数
    Dim temp As String
    Dim i As Integer
    Dim n As Integer
    Hex = InputBox( "输入一个十六进制整数 ")
    '* * * * * *  错误1 * * * * * * *
    n = Val(Hex)
    i = 0
    Do
        '* * * * * *  错误2 * * * * * * *
        temp = Mid(Hex, i, 1)
        '* * * * * *  错误3 * * * * * * *
        Dec = Dec + number *  16 ^ i
        i = i + 1
    Loop While i < n
    '* * * * * *  错误4 * * * * * *
    Form1. Print str(Hex) & "转换为十进制数为 " & str(Dec)
End Sub

Public Function number(str As String) As Integer
    Select Case str
        Case " a ", " A "
            number = 10
        Case " b ", " B "
            number = 11
        Case " c ", " C "
            number = 12
        Case " d ", " D "
            number = 13
        Case " e ", " E "
            number = 14
        Case " f ", " F "
            number = 15
        Case Else
            number = Val(str)
    End Select
```

```
End Function
```

4. 该模块中的 Wrap 过程用于判断一个字符串是否“回文”。所谓“回文”是指字符串顺读与倒读都是一样的,如“潮起潮落,落潮起潮”。程序如下:

```
Public Sub Wrap( )
    Dim length As Integer
    Dim str1 As String
    Dim strleft As String
    Dim strright As String
    Dim k As Integer
    str1 = InputBox( "请输入任意的字符串 ")          '输入任意字符串
    '* * * * 错误1* * * * *
    length = Val(str1)
    k = 1
    Do
        '* * * * 错误2* * * * *
        strleft = Left(str1, k)                  '从左边起逐个取出一个字符
        '* * * * 错误3* * * * *
        strright = Right(str1, k)                '从右边起逐个取出一个字符
        '* * * * 错误4* * * *
        If strleft = strright Then
            Exit Do
        End If
        k = k + 1
    Loop While k < = length / 2
    If k > length / 2 Then
        Form1. Print str1 & "是回文 "
    Else
        Form1. Print str1 & "不是回文 "
    End If
End Sub
```

5. 该模块中的 Sum( )过程功能是:计算 $f=1-1/(2*3)+1/(3*4)-1/(4*5)+\cdots+1/(19*20)$。

程序代码如下:

```
Option Explicit
Public Sub sum( )
    Dim f As Single
    Dim i As Integer
    Dim sign As Integer
    - - - - - 1 - - - - - -
    f = 1
    - - - - - 2 - - - - - -
```

```
        f = f + sign / (i *  (i + 1))
        - - - - - - - 3 - - - - - - - -
    Next i
    Form1. Print " f = "; f
End Sub
```

6. 该模块中的 Fabonia( )过程功能是：求 Fabonia 数列的第 17 个数是多少？第几个数起每个数都超过 1E +8？程序代码如下：

```
Option Explicit
Public Sub Fabonia( )
    ' Fabonia 数列的前三个数是 0,1,2,从第四个数起,每个数都是它前面的两个数之和
    Dim last_one As Long
    Dim last_two As Long
    Dim this_one As Long
    Dim i As Integer
    last_one = 1              '数列的第二个数
    last_two = 2              '数列的第三个数
    i = 4                     '从数列的第四个数求起
    Do
        this_one = last_one + last_two
        - - - - - - - 1 - - - - - - - -
        - - - - - - - 2 - - - - - - - -
        If i = 17 Then
            Form1. Print " No: 17 = "; this_one
        End If
        - - - - - - - 3 - - - - - - - -
    Loop While this_one < = 100000000#
    Form1. Print " No: "; - - - - - - - 4 - - - - - - - ; " is > 1E +8 "
End Sub
```

7. 该模块中的 DelRepeat( )过程功能是：产生一个由 50 个 10 ~ 99 的随机整数存于数组中。然后整理数组：即数组中与前面数组元素重复的数据删除，只保留第一次出现该数据的数组元素，最后将整理后的数组输出。

程序代码如下：

```
Option Explicit
Public Sub DelRepeat( )
    Dim x(50) As Integer
    Dim i As Integer, j As Integer
    Dim count As Integer               '整理后数组元素个数
    '产生数组并输出
    Randomize
    For i = 1 To 50
        x(i) = Int(90 *  Rnd) + 10
```

```
    Next i
    Form1. Print "原始数据: "
    For i = 1 To 50
        Form1. Print x(i); Space(2);
        If i Mod 10 = 0 Then Form1. Print
    Next i
    '从第二个数组元素起逐个判断该数组元素是否与前面的数组元素数据重复
    '对重复的数据进行删除操作
    count = - - - - - - -1- - - - - - - -
    i = 2
    Do
        For j = 1 To i - 1
            If - - - - - - - -2- - - - - - - Then
                Exit For
            End If
        Next j
            If j = i Then
                - - - - - - - -3- - - - - - -
            Else
                For j = i + 1 To count
                    x(j - 1) = x(j)
                Next j
                - - - - - - - - - -4- - - - - - - - - - -
            End If
    Loop While - - - - - - - - -5- - - - - - - - - -
    Form1. Print "整理后数据: "
    For i = 1 To count
        Form1. Print x(i); Space(2);
        If i Mod 10 = 0 Then Form1. Print
    Next i
End Sub
```

8. 该模块中的 Uppersen( )过程功能是：请输入英文句子，将其每个单词首字母变为大写字母。程序代码如下：

```
Option Explicit
Public Sub Uppersen( )
    Dim oldsen As String, newsen As String
    Dim char As String, lastchar As String
    Dim n As Integer, i As Integer
    oldsen = InputBox( "请输入英文句子: ")
    n = - - - - - - - -1- - - - - - - -
    '以空格作为单词的界定,空格后的字母转换为大写字母
    lastchar = " "
```

```
    For i = 1 To n
        char = - - - - - - - - 2 - - - - - - - - -
        If lastchar = " " Then
            char = - - - - - - - - 3 - - - - - - - - -
        End If
        newsen = newsen & char
        lastchar = - - - - - - - - 4 - - - - - - - - -
    Next i
    Form1. Print " input: "; oldsen
    Form1. Print " output: "; newsen
End Sub
```